만명 이상의 의사가 사용하기 시작한 건강회복(기능성)식품

키틴 · 키토산의 기적

-쉽게 풀어본 키토산의 신비-

이학박사 **오 유 진** 저

머 리 말

키틴·키토산, 처음 듣는 사람이 많을 것이다.

우리들 한국민은 옛부터 게나 새우같은 갑각류 및 오징어, 거미, 메뚜기, 파리, 바퀴벌레같은 곤충류등의 껍질을 의료용으로 이용해 왔었다.

새우나 게등의 단백질은 맛이 훌륭하여 식탁을 즐겁게 한다. 그러나 이 갑각류의 껍질(殼)은 딱딱하여 먹을 수가 없어 이용가치가 없는 물질로 여겼으며 냄새도 고약하여 쓰레기 처리에도 두통거리 였었다. 그런데 지금 이 게나 새우의 껍질이 주목받고 있다.

이 껍질의 주성분은 키틴질이라는 섬유질이다. 이 키틴질이 제암 및 항암 그리고 콜레스테롤 저하, 혈압강하등에 탁월한 효과가 있다는 것이 최근 수년간의 연구실험에 의하여 밝혀지게 되어 일약 건강 기능성 식품으로 각광을 받게된 것이다.

고래(古來)로 사람들의 가장 큰 관심은 건강히 장수하는 것이다.

지나치게 바쁜 현대의 사회 생활은 사람들을 불시에 습격하여 성인병을 발생하게 한다.

이런 각종 성인병중 사망율 상위를 차지하고 있는 암, 심장병, 뇌졸증 등이 증가 추세에 있다. 현대 의학이 진보하였다 하나 이들을 결정적으로 치유하는 특효약은 아직 없다. 그러므로 성인병에 효과가 큰 키틴·키토산이 크게 주목받고 있다. 부작용도 없는 키틴·키토산은 동물성 섬유질로서 수년전 부터 세계 각국에서 의료용으로 이용 발전되고 있다. 저자도 우리 국민 건강의 증진을 위해, 질병의 예방과 치유/회복에 다소나마 보탬이 되고자 하는 것이 이 저술의 목적이다. 특히 각국 의료인들의 임상 경험을 토대로 하여, 그림을 다량 삽입하여 누구나 쉽게 알수 있도록 하였다.

이책이 나오기까지 물심 양면으로 도와 주신 키토라이프 정특래사장님과 모든 직원과 그리고 교정을 적극 도와준 황소희양 및 이화문화출판사 이홍연 사장님께 감사드린다.

1996년 저 자

목 차

제 4 장

제 5 장

제 6 장

제 7 장

제 8 장

제 9 장

부 록

제 1 장

기능성 식품 「키틴 · 키토산」이 의료 혁명을 야기시키고 있다. (지금 키토산이 화제가 되고 있다.)

1. 게, 새우에서 키틴 · 키토산

"새우 튀김을 먹을 때는 꼬리까지 먹어라. 절대로 체하는 법이 없다."

새우의 꼬리는 섬유질의 하나인 키틴질이 함유되어 체하는 법이 없다. 우리 옛 선조님들은 현명한 지혜를 가지고 있었다.

키틴질은 새우, 게, 곤충의 껍질(외피), 세균의 세포외벽들의 주성분을 이루는 물질이다.

이 키틴질은 지구상에서 연간 약 1000억톤 정도 생산되는 방대한 물질로서 식물(植物)성 섬유질인 셀룰로오즈 다음으로 가는 무진장 이라고 하여도 과언이 아닌 천연소재 자원이라 볼 수 있다. 활용 범위도 다양하여

<키틴질을 함유한 우리와 가까운 생물들>

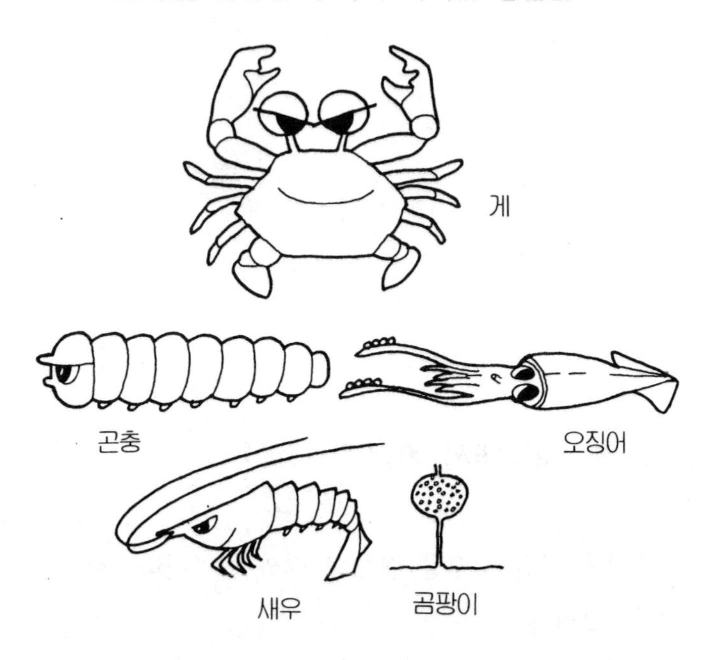

각종 갑각류들은 키틴질을 다량 갖고 있다.

공업, 농업, 화장품, 의료, 건강분야 등 개발할 분야가 무궁한, 오랜 세월 지구상에 존재하면서도 잠자고 있는 사자였었다. 약 10여년 전부터 과학의 기술 진보에 힘입어 「키틴질」을 묽은 유기산(초산, 젖산) 수용액에 용해되는 「키토산」이라는 물질로 바꿀 수 있게 되었다.

특히 「키틴질」은 건강, 의료면에서 막대한 기능을 갖고 있다.

<자연이 준 최후의 선물 키틴 · 키토산>

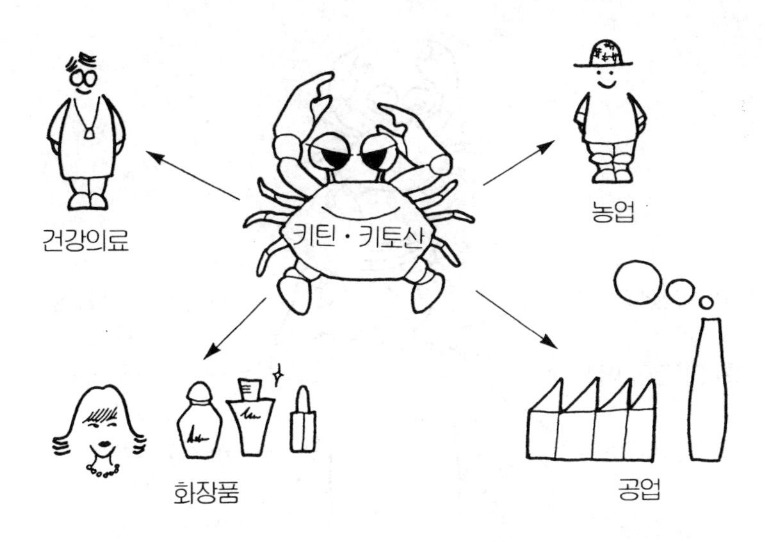

키틴 · 키토산은 각종분야에 널리 이용되고 있다.

면역력의 부활, 노화 억제, 생체리듬 조절, 고혈압 예방/치료, 장내 유무익(有無益) 세균들의 조정, 콜레스테롤 증가 억제, 제암 작용, 암전이 방지, 항혈전 작용, 항균, 곰팡이 억제, 체내 세포부활, 활성화 작용등 그 약리효과가 뛰어나다. 뿐만 아니라 체내에 들어온 유해 금속, 유독물질 등을 흡착하여 체외로 배설하며 인체에 대한 안전성도 대단히 높은 물질이다.

20세기 말에 키틴 · 키토산은 긴 잠에서 각성하게 되었다. 특히 「기능성 식품」으로 현대병, 만성병 시대에

<키틴·키토산>

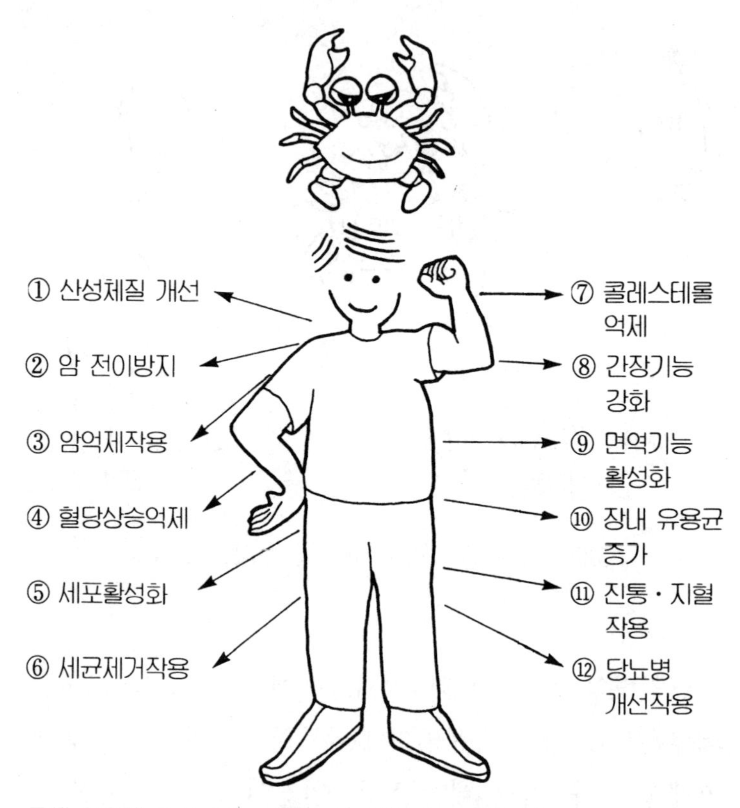

몸에 이렇게 좋은 키틴·키토산(유해산소 포착제거)
* 인체에서 발생하는 유해산소(활성산소 20% 이상일 때)를 포착제거하여 세포의 산화를 방지한다.

사는 우리들에게 없어서는 안될 물질로 지금 조용하게 착실히 영역을 세계로 넓히고 있다.

"사람들이여, 자연으로 돌아 가라." 키틴·키토산은

<키틴 · 키토산의 기능>

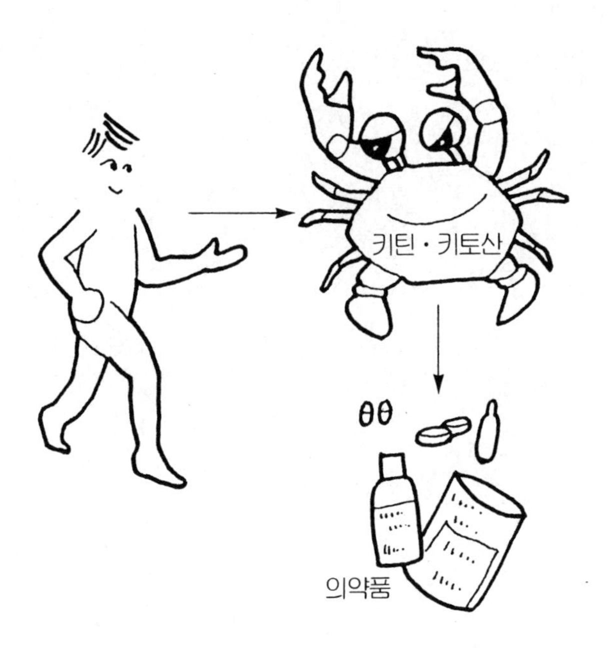

키틴 · 키토산의 효과가 지금으로부터 30 년전쯤에 발견되었으면 의약품으로 정착되었을 것이다.

우리들을 부르고 있는 것이다. 지금 의약사 까지도 키틴 · 키토산을 의료 현장에서 사용하고 있다. 키틴 · 키토산 시대는 이제 시작하였을 뿐이다.

제 2 장

키틴 · 키토산이 의료 현장에서 의약사들을 맞이하게 되었다.

1. 이웃나라 에히메(愛媛)대학

의학부 오꾸다 교수(M. Dr.)는 키틴·키토산이 지금으로 부터 약 30여년전에 발견 되었으면 아마도 지금쯤엔 효과가 대단히 좋은「약」이 되어 있을 것이라고 말한다.

여기서 잠깐 기능성 식품(또는 건강식품, 기력식품)에 대한 이야기를 해보자.

일반적으로 음식의 3대 조건은 다음과 같다.

① 음식은 영양가가 충분하여야 한다.
② 보기좋은 음식은 먹기에도 좋다.
③ 몸의 조절 기능(효과)이 좋아야 한다. (5가지 기능)

* 기능성 식품의 기능과 효능

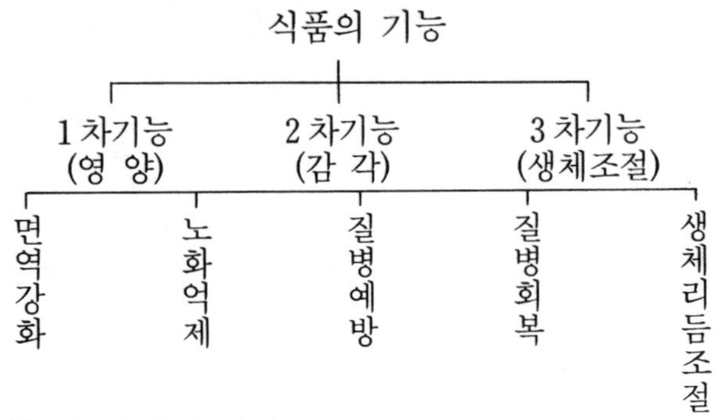

* 기능성 식품의 위치

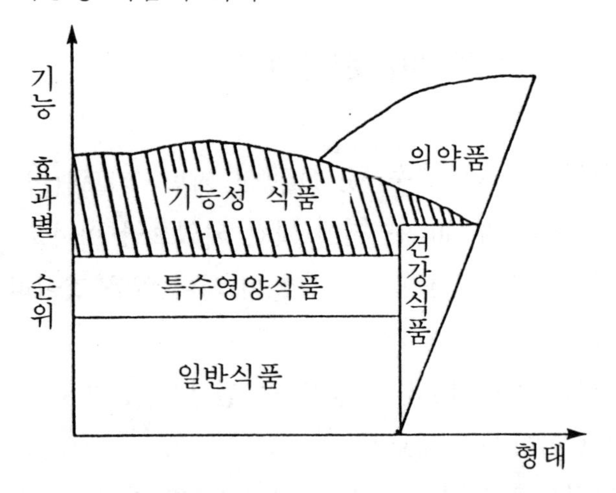

기능성 식품은 그 효능이 의약품에 속한다고 할 수 있다.

대다수의 기능성 식품은 한가지나 두가지의 식효(몸의 조절기능)를 갖고 있다. 그러나 키틴·키토산은 5가지 기능을 고루 구비하고 있다. 키틴·키토산은 기능성 식품의 일종이면서도 의약품에 가까운 효과(체조절

기능)를 갖고 있는 훌륭한 물질이라고 볼 수 있다.

중국 최고의 한방약 식품재료 성서(聖書)인 신농본초경(神農本草經)에도 키틴·키토산의 기능성이 상품(上品)으로 수재되어 있다. 「오꾸다 교수 그룹」과 연구 임상 의사들에 의하면 실제 환자 치료에서 만능의 효과가 있다고 해도 좋을 정도로, 키틴·키토산의 치유효과는 건강유지에 특효가 명백하다고 한다.

나고야의 「마쯔나가 의사(M. Dr.)」는 키틴·키토산을 최초로 정기 의료 현장에서 치료에 사용하였다. 그는 키틴·키토산은 약과는 달리 목적하는 장기가 없다고 말한다. 보통의 약품은 "○○장기에 듣는다" 라든지 "강장에 좋다" "심장약 입니다"등 효과가 있는 부

<세포와 키틴·키토산>

사람의 구성세포수는 약 60조개로 되어 있다. 각 세포는 맡은 바 임무를 하는데 여기에 유해산소가 과량접촉하면 세포는 녹이 슬고 파괴된다. 키틴·키토산은 이 녹(유해산소)을 포착제거 하고 기름(윤활유)을 주어 기계가 잘 움직이도록 도와준다.
※ 만병의 근원 유해산소(90% 이상)

자연식품의 구성성분은 다양하나 생체리듬조절은 두가지 정도인 반면에 키틴 · 키토산은 단일물질로서 5가지 기능(생체조절)을 모두 갖추고 있다.

위와 질병을 면밀히 정해놓고 사용한다. 그러나 키틴 · 키토산은 그러한 한정된 치유를 하지 않고 신체의 세포 자체를 활성화하여 자연 치유력의 향상을 도와 준다. 인체의 세포는 약 60조개로 되어 있는데, 그 세포 하나하나가 고유의 역할이 있으므로 질병이 생기면 본래의 기능을 할 수가 없어진다. 키틴 · 키토산은 손상된 세포를 활발했던 원래의 세포로 복원시켜준다.(기계에 기름을 쳐준다) 그러므로 키틴 · 키토산을 평상시 일상생활에서 음용하면 질병을 예방/치료하여 건강유지를 적극적으로 도와 준다.

오꾸다 교수의「기능성 식품론」중 생체 리듬 조절에 대하여 좀더 알아보자.

영지, 인삼 외 다른 건강 식품을 분석하면 태반이 다

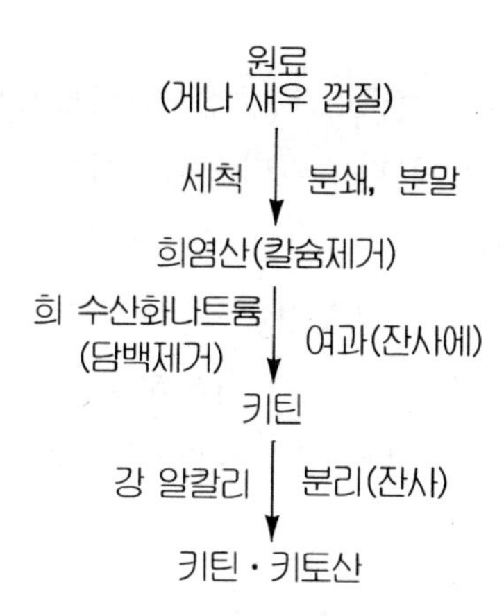

간략한 화학적 키틴 · 키토산 제조 공정

양한 식효(약효) 물질들의 집합체로 구성되어 있다. 한방약 역시 다종류(多種類)의 물질들로 구성되어 있다. 그러나 키틴 · 키토산은 단일 물질로 이루어져 있으면서 생체 기능에 다양한 효과를 나타내는데, 자연 물질로는 세계 유일한 것이라고 한다.

높은 의료수준의 서비스에는 막대한 금전이 든다. 키틴 · 키토산은 예방면이나 치유면에 탁월한 효능을 가진 자연 단일 기능성 식품으로, 많은 국민에게 각광을 받고 있으므로「정기 의료 중에 포함 시킬 필요가 있다」고 까지 주장하는 의료인도 있다. 동경시 의사조합(東京都 醫師組合)에서는 키틴 · 키토산을 공동 구매하여 약 2만여명의 의약사들이 진료에 응용하고 있다.

우리 나라도 점차 키틴·키토산이 의료용으로서 인식이 달라질 것으로 본다. 키틴·키토산은 대략 원료(게 껍질)를 건조/분쇄하여 묽은 염산으로 처리하고(칼슘분 제거) 다시 묽은 알칼리(수산화 나트륨)로 처리(단백질 제거)한 후 강알칼리로 처리하여 키틴·키토산 혼합 물질을 만들어 다방면에 응용하고 있다.

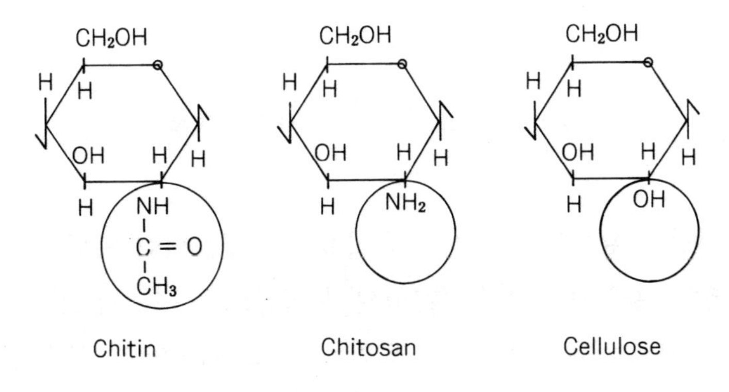

CHITIN, CHITOSAN 및 CELLULOSE의 분자 구조

제 3 장

두통, 견갑부, 요통, 부정수소, 갱년기 장애, 자율신경 실조증

1. 신경 내과 의사가 키틴 · 키토산을 알고 치유 한 즐거움

♠키틴 · 키토산이 신경내과의 새로운 무기가 되었다.

오이타 의과대학 신경내과 「카다오까 의사(M. Dr.)」는 오랜 세월동안 "낫지 않는다" "알수 없다" "포기하지 않는다"등의 답변이 신경내과 의사들에게 상식화 된 것 같이 보인다 라고 하였다. 그러던 중 키틴 · 키토산을 알게 되어, 드디어 의사로서의 자신감을 갖고 환자와 마주하게 되었다. 키틴 · 키토산을 치료에 채택한 후 부터 스스로가 의심할 정도로 환자들의 치유력이 향상 되었다. 「카다오까 의사(M. Dr.)」는 그간 약 800여명의 환자중 단 한명만이 효과가 없었다고 한

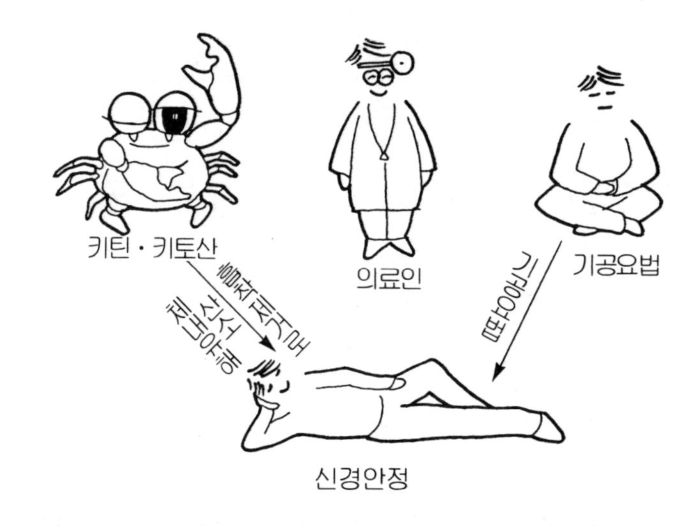

키틴·키토산은 체내 유해산소로 인한 흥분, 불안(산성체질)을 안정시키는 것은 기공요법과 동일하다.

다. 이와같은 임상 경험을 토대로, 1995년 2월에 대학병원을 사퇴하고 직접 개업하여 자유자재로 키틴·키토산 요법을 사용하여 많은 환자들의 고통을 덜어주고 있다고 한다. 그녀는 "이제 나에게 있어 환자를 치료할 때 키틴·키토산은 떨어질 수 없는 귀중한 기능성 식품이 되었다"고 한다.

♠ 신경계 조절작용은 기공(氣空) 효과와 같다.

아오모리 동방병원 「아나미스 의사(M. Dr.)」는 1994년 1월부터 키틴·키토산을 사용하고 있는데, 자율신경 실조증에는 특히 현저한 효과가 있었다. 「자율

신경 실조증(自律神經 失調症)」이란 만성 설사, 불면, 발한 이상등 전신적으로 부정 수소증이 착착 나타나는, 치료하기 힘든 질병이다. 키틴·키토산은 신경계 전체를 균형있게 맞추어서 섬세한 치유 효과를 보았다고 한다. 기공에서는 뇌 깊은 곳에 작용하여 신경계 조절, 내분비계 조절, 자연 치유력 발동등으로 질병은 점차 치유된다. 키틴·키토산 역시 똑같은 효과를 나타낸다고 한다. 키틴·키토산은 신경계에 확실히 작용하여 생체 조절기능을 균형있게 하여주는 힘이 있다.

2. 부정수소증

어깨결림, 두통, 변비, 설사, 위 부풀음, 식욕부진등의 증세가 나타났다 없어졌다 하면 전형적인 부정 수소증이다. 이것은 간단한 것 같으면서도 잘 치유되지 않는다. 그러나 카다오까 의사(M. Dr.)는 키틴·키토산 투여로 일반 약품이 치료치 못하는 것도 놀라운 효과를 보았다고 한다.

3. 갱년기 장애(자율신경 실조증)

♠ 키틴·키토산은 갱년기 장애 등에 대단한 치유력을 가졌다.

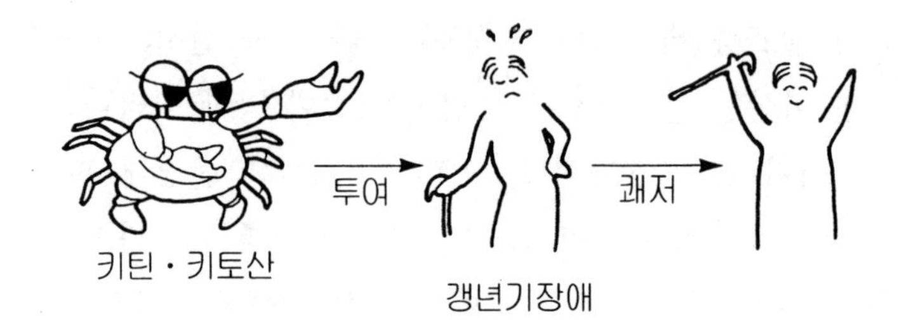

갱년기장애(자율신경실조증) 주부들에게 키틴 · 키토산 투여로 쾌적한 생활로 환원

시쯔오까 동양의학 연구부 「우에다 의사(M. Dr.)」와 「오츠즈까 의사(M. Dr.)」는 갱년기 장애(자율신경실조증) 환자들에게 키틴 · 키토산을 투여하여(1994 년) 실로 획기적인 치유효과를 보았다.

제 4 장

현대의 기적, 게껍질의 비밀

1. 키틴 · 키토산에 숨어있는 놀라운 효능

키틴 · 키토산은 한방약과 병용을 하면 그 약효를 더

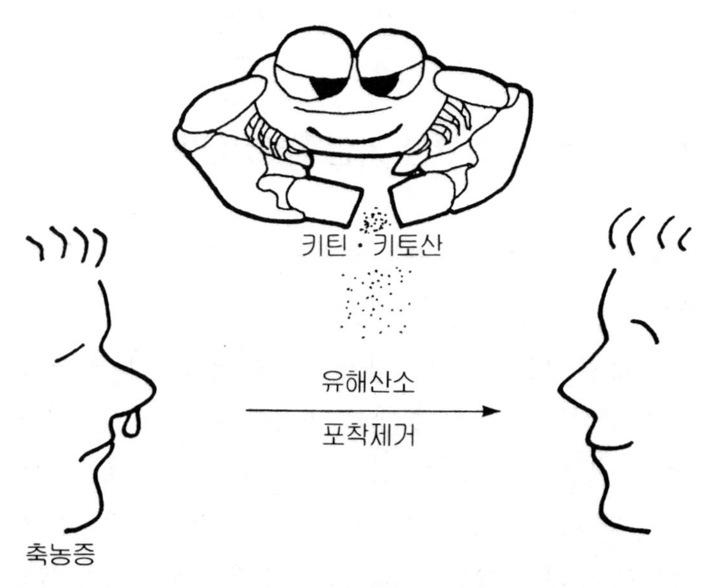

키틴 · 키토산은 만성축농증 환자에게 한방약과 겸용하여도 좋다.

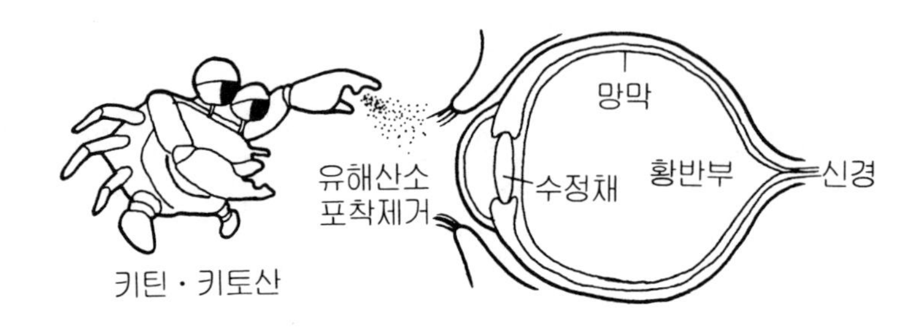

망막의 황반부 키틴 · 키토산으로 황반병성증을 치유(유해산소에 의하여 발생)

욱 효과적으로 상승시킨다.

「아오모리 의사(M. Dr.)」는 축농증 환자에 한방약과 키틴 · 키토산을 같이 복용시켰더니 10시간 이상이나 코의 상대가 좋아진 결과를 얻었다.

2. 명의의 눈을 구한 키틴 · 키토산의 위력

♠「후지히라(M. Dr.)」씨는 지바대학 의학부의 안과 명의사였다.

1992년 10월 안과의사였던 후지히라씨의 우측 눈 시야 중심부에 검은 형태의 반점이 보이기 시작했다. 「황반 변성증」이었다. 물건을 볼 때 스크린에 해당되는 망막 중심을 「황반부」라 한다. 렌즈에 해당되는 수정체로 부터 들어온 상(現象)은 황반부에 초점을 맺는다. 다시 말하면 보고 싶은 것을 보는 작용을 하는 부분이다. 황반 변성증은 원인 불명으로 동서양의 의학으로도 결정적 치료법이 없어 실명할 염려가 있는 무서운 병이다. 황반 변성증은 한쪽 눈부터 시작하지만 멀지 않아 다른 한쪽 눈도 침범할 확률이 높다는 것이다. 나중에는 「망막 색소 변성증」이라고도 하는데 최후에는 확실히 실명하는 무서운 유전적 질병이다. 어렸을 때는 야맹증으로서 발견될 때가 많다. 그 진행을 막는 방법은 서양 의학으로도 할 수 없어 20세쯤 되면 100% 실명한다. 후지히라 의사의 황반 변성증 개선은 키틴·키토산 덕분 이었다. 참으로 본인도 놀랐다고 한다. 키틴·키토산에 의하여 구원 받은 후지히라 의사는 키틴·키토산은 약 이상의 위력을 가졌다고 말한다. 본인이 치유됨은 물론 그 후 많은 환자에게서 좋은 효력을 얻었다.

3. 눈, 귀, 입, 세가지 질병의 여성을 기적으로 회복한 키틴·키토산

후지히라 의사는 삼중고(三重苦)에 시달리는 여성에게 최후의 수단으로 키틴·키토산을 주기로 하였다. 삼중고라고 하면 눈이 보이지 않고 귀가 들리지 않고 입이 말을 듣지 않는 질환으로 아무리 동서양의 의약을 사용하여도 치료할 수 없는 것이 상식이었다.

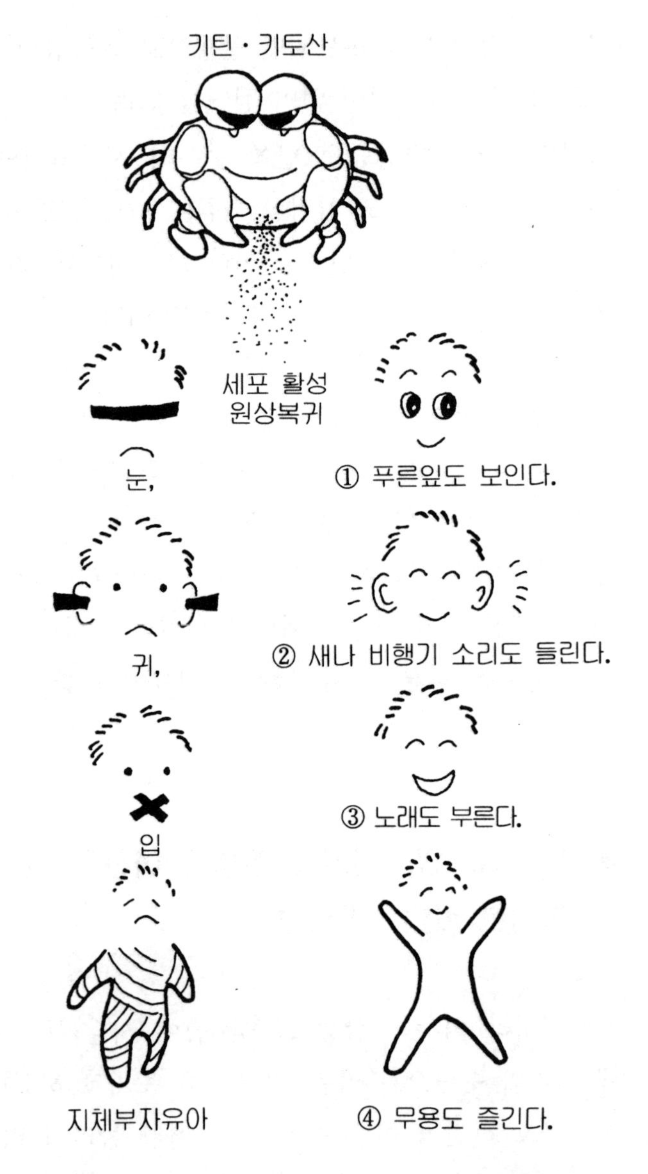

눈, 귀, 입 삼중고 지체부자유아가 키틴 · 키토산 120일 복용으로 회복

42세의 이 여성은 선천성 농아로서 어렸을 때부터 귀가 들리지 않았으며 말도 할 수 없었다. 고교 3학년 때는 망막 색소 변성증이라는 진단도 받았다. 모녀 간에 모든 치료를 해보았으나 병은 진행할 뿐이었다. 35세 때에는 눈의 기능을 완전히 상실한 삼중고의 일급 신체장애자로 인정받게 되었다. 1989년 절망의 나날을 보내고 있던 어머니는 키틴·키토산의 생체조절기능 정보를 알게 되었다. 게에서 추출한 건강식품으로 치유된다고는 믿을 수가 없었지만 하루에 두번씩 먹기 시작하였다.(3월 11일) 약 5일째 우선 대량의 숙변을 보았다. 그리고 약 20일째는 발진과 같은 습진이 전신에 퍼지며 체온이 38도 6부의 열이 24시간 계속하였다. 이것은 동양의학에서 말하는「명현반응(호전반응)」이었다. 지금까지 질병으로 완화되었던 생체기능이 활발히 움직일 때 일시적으로 그러한 반응이 나타난다고 한다. 막혔던 수도관에 깨끗한 물을 보내면 처음에는 녹이 쓴 탁한 물이 나온다. 이것과 동일하며 그 후 본격적으로 생체는 정상 기능을 시작한다. 키틴·키토산 복용 55일째 (5월 1일), 장애자는 머리와 귀의 통증을 호소하였다. 다음날에는 눈이 아프며 눈곱, 눈물이 끝임없이 흘렀다.

병원에서 진찰을 하여도 특별한 이상은 없었다. 그리고 5월 5일, 그날은 아이들이 휴일이어서 가족 동반

녹색의 물건이 보인다.
풀밭이 보인다.
키틴 · 키토산의 의력(약 2개월 복용으로)

하여 교외로 놀러 나갔다. "녹색의 나무 이파리가 보이네" 자연 풀밭에 서서 그녀는 취한듯한 표정으로 말 하였다. 어머니는 "너 정말 보이느냐?" 라고 외쳤다. "엄마, 저기도 예쁘고 여기도 예뻐요"라고 딸은 손짓말로 하였다. 그래도 의심이 들었다. 키틴 · 키토산을 복용한지 2개월 지났을 뿐인데 그런일이 있을까라고 생각 되었다. 그렇게 일가족은 즐거운 하루를 보내고 귀가했다. 어머니는 「보인다고 하여도 반신반의 하였다」는 것이었다. 5월 14일, 운동회가 있어서 어머니와 외출하였다. 운동회 총소리가 났을 때 딸이 깜짝 놀래며 몸을 움칠거리는 모습을 보며 어머니는 놀라움을 감출 수 없었다. 소리가 들려온다고 귀를 손으로 가리

소리가 들린다.

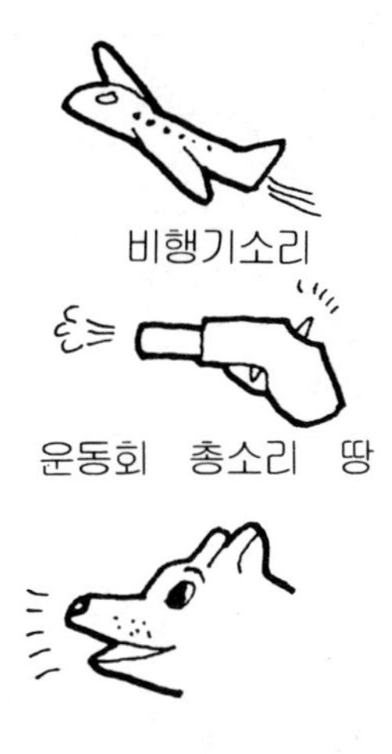

오랜 세월 고생하던 귀가 들리는 순간
키틴·키토산은 소리를 듣게 한다.

켜 주는 딸을 보면서 어머니는 "과연 그럴까?" 혼자 중얼거리면서도 혹시나 키틴·키토산으로 치유될 수도 있을 것이다라고 은근히 희망을 갖게 되었다. 그로부터 2주간후 "엄마 개소리가 들려요", "비행기 소리도 들려요", 딸은 손짓하면서 좀 큰 소리를 냈다. 키틴·키토산을 복용한지 약 3개월째 되는 날 어머니는 세탁을 하면서 방안에 「가라오케(음악)」를 틀어놓고 일을 하고 있었다. 그때, 방안에서 쿵쿵 마루를 치는 소리가 들려서 뒤돌아보니 딸이 「가라오케」에 맞추어 춤을 추고 있었다. "아빠 큰일 났어 좀 오세요" 남편을 불러 「가라오케」에 장단을 맞추어 춤추는 딸을 남편과 둘이서 멍

눈에 무엇인가 보인다.
바늘구멍에 실을 꿸 수 있다.
키틴·키토산의 효력

하니 보고 있었다. 7월 4일, 일생 잊을 수 없는 날이었다. 외출에서 돌아오자마자 딸은 말하였다. "엄마, 오늘 나는 바늘에 실을 통과 시켰어요"라고. 어머니는 잘못 들은 것이 아닌가 하고 "바늘 구멍에 어쨌다고?"하고 반문하였다. 역시 바늘에 실을 끼웠다고 한다. 그럼 다시 한번 보여달라고 하였다. 딸은 유유히 바늘 구멍에 실을 통과하는 것을 보여주었다. 키틴·키토산을 복용한 지 120일째 였다. 지금 딸의 시력은 0.3, 시야는 30도 까지 회복하였다. 귀도 들리게 되었다. 의사 후지히라씨는 키틴·키토산의 치유력에 더욱 자신감을 갖게 되었다.

4. 말기 암의 환자에 최후의 희망을 주었다.

1992년 가을경 후지히라 의사는 뇌종양으로 대학 병원에 입원한 말기 환자를 키틴·키토산과 표고·영지버섯 프로폴리스등의 투여로 회복시켰다. 뇌종양은 암중에서도 가장 치유하기 힘들다. 이세상에 만능약은 없다는 것을 의약사들은 잘 알고 있지만 모든 것을 사용하여 최선을 다 하는 것이 의료인의 정신인 것이다. 그 결과 사형 선고를 받아 4기(죽음)가 지난 환자에게도 희망을 주었다. "키틴·키토산과 표고버섯등과 같이 사용하면 더욱 효과가 상승한다고 후지히라 의사는 말하였다.

5. 선진국 병원이 건강식품(기능성 식품)을 맞이하게 되는 시대를 맞이하고 있다.

그 첫째 이유는 당연하지만 키틴·키토산의 강력한 치병효과에 있다.

기능성 식품의 치료효과를 지나치게 말하면 약사법상 문제가 되겠지만 많은 의사(M. Dr.)나 대학 병원등에서 키틴·키토산의 임상과 그 성질에 대한 기초 연구와 동물 실험을 한 연구자들이 그 치병효과와 생리특성에 대한 그들 나름대로의 입장을 명백하게 밝히고 있

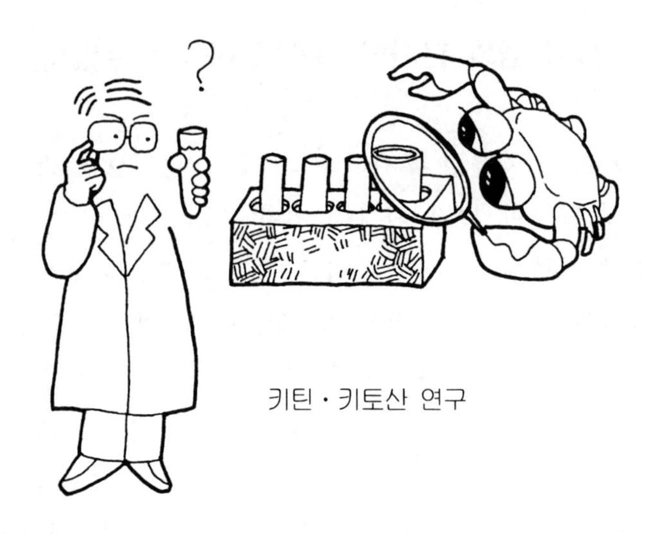

세계의 많은 선진 과학자 및 임상가들이 키틴 · 키토산을 연구하고 있다.

다. 특히 이웃나라 일본의 경우, 상당히 깊은 기초 연구가 진행되어 많은 학회에 발표되고 있다. 우리나라에서도 이화여대 전동원 교수팀은 약 10 여년전에 국가에서 약 10 억원의 연구비로 키틴 · 키토산 추출 제조 연구를 성공적으로 완성하여 현재 공급단계에 있다. (각 유명 언론지, 라디오, 텔레비젼 에서 이미 발표) 외국 의약인들이 매력을 느끼는 것은 키틴 · 키토산 자체가 단일 물질임에도 불구하고, 약효가 다양함에 비하여 양약같은 약해(藥害)가 없으므로, 키틴 · 키토산을 양약과 병용하여도 큰 무리가 없을 뿐만 아니라 상승효과가 있음을 알게되어 세계의 많은 의약인 들이 다량 광범위하게 사용하고 있다. 키틴·키토산은 약이 아니기 때문에 많은 병원과 일반에서 마음대로 사용하는 시대가 오고 있다. 그로인해 소위 의원병(醫原病)이라는 말도 사언(死言)이 되는 시대가 될런지도 모른다.

제 5 장

생활에서 암, 난치병까지 키틴 · 키토산의 놀라운 효과

1. 키틴 · 키토산 인공피부가 전신 화상을 입은 어린이의 생명을 구했다.

1990년 여름 러시아 사하린, 유지노 사하린스크에서 전신 화상을 입은 3세 남아가 키틴 · 키토산 인공피부에 의하여 기적적으로 완치하였다. 삿뽀로 의과대학 팀은 80%의 화상을 입은 「콘스탄친」군을 약 3개월에 걸쳐 피부 이식수술을 시도한 결과 완치에 성공하였다. 이와 같은 화상의 치료는 「기적」이었다. 이 화상 치료에는 키틴 · 키토산 인공피부가 결정적으로 기적의 소재 역할을 하였다. 여지껏 사용하던 재래의 인공피부는 일종의 거부 반응(피부이식때 일어나는 반응)이 발생하기 때문에 그 처리가 고민거리 였다. 결국 생체 거부반응이 전혀없는 키틴 · 키토산 인공피부는 문제를 깨끗

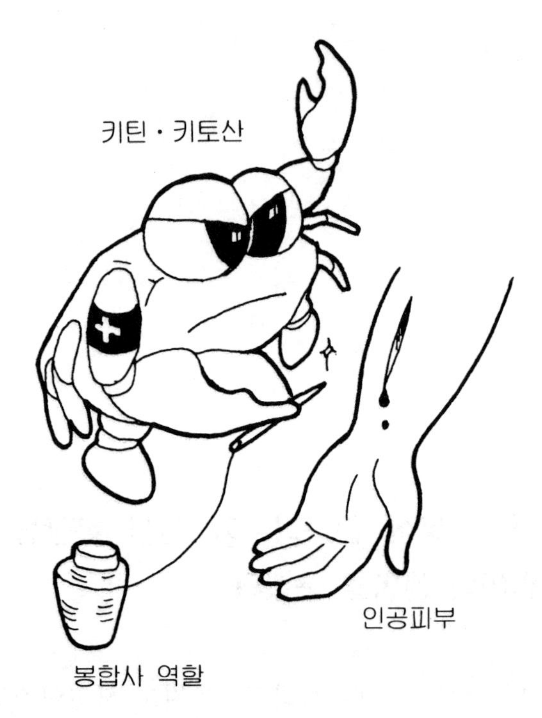

키틴·키토산은 인공피부에 큰 공헌을 하고 있다.
봉합사(수술자리 꿰메는 역할) 역할에 획기적 전기를 맞이하고 있다.

이 제거한 해결사가 되었다.

2. 의료용 소재로 광범위한 위치

키틴·키토산이 의료용 소재로 각광을 받게된 이유를 살펴보면 첫째, 키틴·키토산은 그 분자 구조를 볼 때 인체 조직과의 친화성이 우수하여 면역 반응이 일어나지 않기 때문이다. 우리들 혈액에 있는 다량의 아세틸 글루코사민(ACETYL GLUCOSAMINE)이라는 저분자 화합물과 같은 성질의 것이 연결되어 쇄상(길게 이어짐)을 이룬 고분자 물질이 키틴·키토산이다. 그렇기 때문에 키틴·키토산은 몸에서 이물질로 인식하지 않는다. 이런 키틴·키토산을 침대 매트처럼 만든 것이 「인공 피부」이다. 이것을 화상이 발생한 부위에 부치면 종래의 인공 피부로 사용되었던 돼지피부와는 상당히 다른 생체반응이 일어난다. 우선 상처가 치유될 때에 나타나는 섬유 아세포(어린 세포)가 다량 출현한다. 이 세포는 종국에는 표피의 근원이 되는 콜라겐 섬유(COLLAGEN FIBER)를 만들어 낸다. 그러므로 상처가 빨리 치유될 수 있는 것이다. 치유 속도가 빠를 뿐만 아니라 콜라겐 섬유가 많으며 세밀하기 때문에 피부는 큰 상처 흔적이 남지않고 옛 피부처럼 깨끗하게 복원된다.

둘째, 키틴·키토산은 생체 조직의 재생과 살균 작용을 발휘하는 효소 「리소짐(LYSOZYME)」을 만들어 내는 세포를 증식하는 작용을 한다. 이 작용에 의하여 키틴·키토산 인공 피부는 상처의 회복을 적극적으로 추진한다.

셋째, 키틴·키토산에는 지혈 효과가 있어서 상처 부위로 부터 출혈을 방지하고 상처가 축 늘어지는 것을 방지한다. 출혈이 일어나면 혈소판과 접촉하는데 혈소판은 키틴 · 키토산의 자극에 의하여 응고 작용을 개시한다. 더욱이 키틴 · 키토산은 상처의 통증을 멎게하는 작용도 있다. 또한 키틴 · 키토산은 세포 그 자체의 활성화 작용도 있다. 이들이 종합적으로 작용하여 키틴 · 키토산 인공 피부의 놀라운 화상 치유력이 발휘된다. 상처에 부착한 키틴 · 키토산 인공피부는 인체(세포)와의 친화력(성질)에 의하여 몸에 흡수 됨으로 다시 뗄 필요가 없다. (자체 흡수 동화)

키틴 · 키토산으로 만든 수술용 봉합사도 자연히 인체에 흡수되므로 실을 빼낼 필요가 없다. 이런 여러가지 키틴 · 키토산을 응용한 의료소재는 현재 빈번히 사용되고 있다.

또한 키틴 · 키토산은 다른 물질들과 혼합하여 흡수되지 않겠끔도 만들수 있다. 또, 콘택트 렌즈, 인공 혈관, 인공 장기(장래) 재료로서도 사용할 수 있다. 인공투석 신장막으로서도 유효하다. 이와 같이 키틴 키토산의 장래 응용에는 전망이 무궁무진하다 해도 과언은 아닐 것이다.

제 6 장

현대병의 구세주 키틴 · 키토산 암억제 전이 방지, 당뇨병 개선까지(대단한) 효과

1. 키틴 · 키토산이 면역기능(免疫機能)을 활성화 한다.

사람의 몸은 자체 방어기능으로 「면역기능」을 갖고 있다. 이것은 체외로부터 침입한 이물질 이라든가 병원체 또는 체내에서 무엇인가에 의하여 이변으로 생긴 이물(異物)을 배설하는 일을 한다. 이 면역기능의 힘을 갖춘 것이 백혈구이다. 구체적으로 호중구(好中球), 마크로－파지(MACROPHAGE： 대식세포), T세포, B세포등의 존재들이 잘알려져 있다. 몸안으로 이물이 들어오면 이것들을 둘러싸고 먹는 것이 호중구나 마크로－파지이다. 호중구는 백혈구 중에서도 전신을 순회하면서 비교적 적은 세균등의 이물을 포착하여 먹어치우고 있으나 수명은 짧아서 수일 밖에 살지 못한다. 여기에 비하여 마크로-파지는 아주 큰 세균을 한번에 많이 포착하여 먹어치움으로 별명이 「대식세포(大食細胞)」라고 부른다. 마크로-파지가 세균을 포착 먹어치우면서 생성된 파편(찌꺼기)은 마크로-파지의 몸 바깥으로 배출 된다. 이 때 이 파편에 T세포가 반응하여 외적(外敵)인가 아닌가를 판단하고 공격의 필요가 있으면 공격 명령을 B세포에 전달한다(명령). 이에 반응

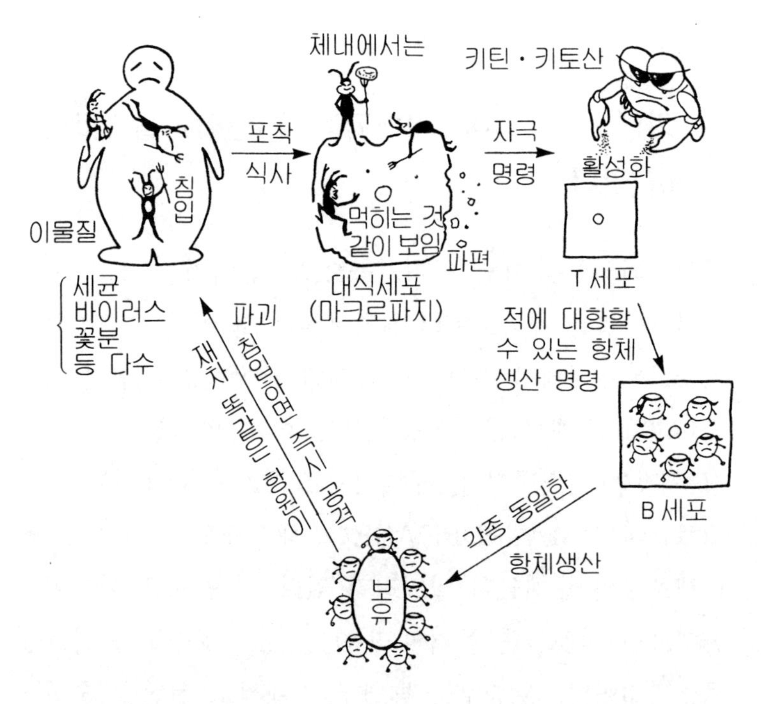

※ 면역기능의 강화작용
인체 외부에서 침입한 각종 항원에 대하여 동일한 항체를 생산 보유하고 있다가 재차 동일한 항원이 들어오면 즉시 감지하여 공격 파괴한다. 이때 키틴 · 키토산은 면역체를 만들어주는 T세포에 활력을 주어 강한 항체를 만들게 한다.

(응답)한 B세포는 그 세균(항원)에만 대항할 수 있는 항체를 다량 증식(增殖) 방출한다. 이와 같이 하여 B세포에서 만들어진 항체는 목적항원(세균)에 부착하여 파괴한다. 그와 동시에 B세포는 마크로－파지(대식세포)가 항원(세균)을 잘 먹기 쉽게끔 요리를 하여주는 일을 한다.(항체는 똑같은(동일) 항원과 만 반응한다.)

a. 면역력 저하가 질병을 발생한다.

앞에서 말한 바와 같이 면역 기능은 정교한 구성을 갖고 있다. 만일 이 시스템에 장애가 생겼다면 어떻게 될까. 면역력 그 자체가 저하되어 우리 몸에 침입하는 세균 등에 대하여 전혀 무방비 상태가 되고 만다. 그 대표적인 예가 「에이즈(AIDS) : 후천성 면역 결핍증」

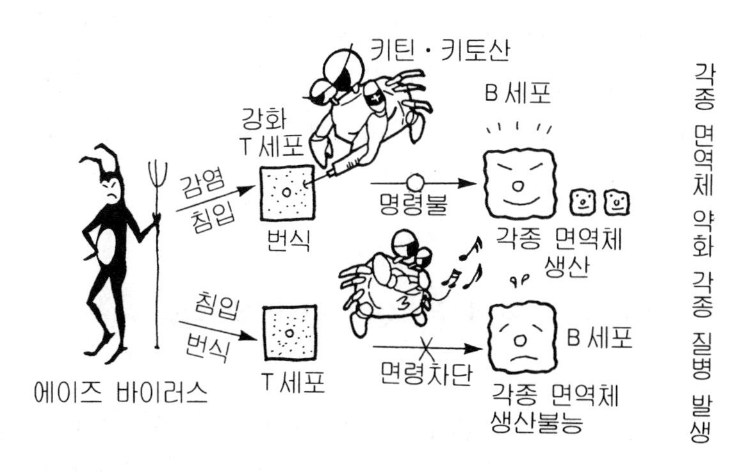

에이즈 바이러스가 인체에 침입하면 T세포에서 가장 번식하기 좋은 장소와 먹이가 됨으로 다음 단계 항체생산하는 B세포에 명령이 전달되지 못함으로 면역체 생산불능. 이때 키틴 · 키토산으로 T세포 강화함으로 차츰 정상으로 복귀할 수 있다.

이다. 「에이즈」 공포는 이 면역 기능이 파괴되는데 기인(基因) 한다. 「에이즈 바이러스」가 체내에 침입하면 우선 임파구(T 임파구)에 들어가서(따뜻하고 가장 생활하기 좋은 곳) 몇번이고 돌연변이를 반복한다. 그러면서 다종다양(多種多樣)한 형태로 변화하며 급속히 번식한다. (유해 산소 발생) 그 결과 면역 기능의 작용은 저하되고 만다. 그러므로 한번 에이즈가 발병하면 사람에게 감염되는 모든 질병(각종 세균, 바이러스등)에 대하여 전혀 무방비 상태가 되고 만다. 그냥 지나가는 감기 조차도 공포를 느끼게 된다. 이에 따라 현대 의학의 과제도 이전과 같이 「바이러스성 질병」으로부터 「면역 기능」에 관한 질병으로 옮겨져 오고 있다.

세계 학자들은 동물 실험에서 임파구 T 세포가 키틴·키토산에 의하여 활성화 되어 면역 기능이 강화되었다는 것이 확인되었다. 따라서 키틴·키토산이 주목받는 이유가 명백하여 졌다.

2. 이제까지 확인 된 것이 암 억제 작용

키틴·키토산의 면역 작용을 밝히기 위하여 「히라노 교수」는 쥐에 암세포를 이식하여 피부암을 일으키는 실험을 행하고 그 효과를 조사하였다. 암을 이식한 쥐에 키틴·키토산을 투여한 결과에서는 전혀 암이 발생하

피부암 이식쥐

키틴 · 키토산
투여

실험 연구
약 10일 후
암세포 완전 소멸
100% 생존

키틴 · 키토산
전혀 투여치 않음

암세포 이식
실험 연구
약10 일 후
완전 사망
100% 사망

Hirano 교수 연구에 의하면 키틴 · 키토산 투여 피부암 동물에서는 100% 생존율을 보이며 투여치 못한 군(쥐)에서는 100% 사망하였다. 토끼실험에서도 동일 하였다.

지 않았다. 그러나 키틴 키토산을 투여치 않은 쥐에서는 100% 피부암이 발생하여 전부 사망하였다.

① 식욕이 떨어지는 암독소를 억제한다.

「오꾸다 교수」는 식욕을 떨어뜨리는 암독소를 발견하였다. 암독소 즉 악액물질 10여 종류중 가장 독성이 강한 것이 「독소 홀몬 L(TOXO HORMON L)」이라는 것이다. 이 독소는 우선 혈청중의 철분을 파괴하여 빈혈을 일으킨다. 더욱 체내 지방을 분해하고 식욕을 감퇴시킨다. 식욕은 공복 중추와 만복 중추라는 신경에 의하여 조절되고 있다. 식욕이 감퇴되는 것은 공복 중추 신경의 기능을 저하시키고 만복 중추 신경을 활성화하여 흥분하기 때문에 식욕이 떨어지며 수척해 진다. 여기에 대하여 키틴・키토산은 식욕을 상실케하는 독소를 억제하는 작용이 있다. 여기서 좀더 자세히 기술하여 보면, 키틴・키토산은 당분자가 다량 모여서 이루어진 대단히 큰 분자 집단이기 때문에 직접 장에서 흡수되지 못한다. 장에서 키틴・키토산이 흡수 되려면 더욱 작은 분자 집단(올리고당)이어야만 한다. 암 환자가 키틴・키토산을 복용하면 장내 세균에 의하여 더욱 작

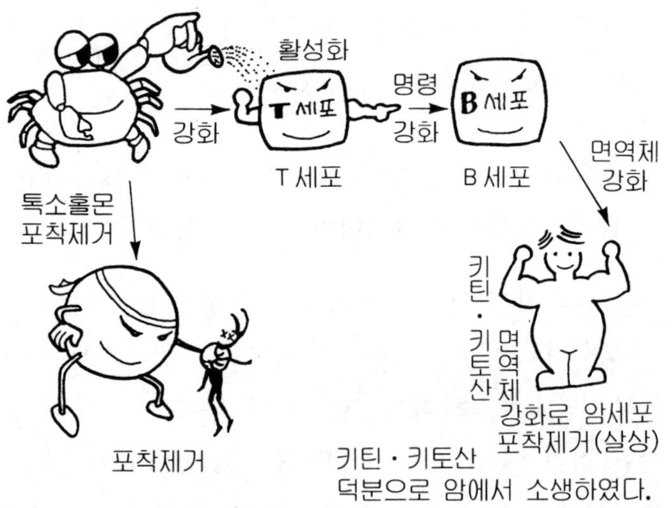

키틴・키토산은 암세포에서 발생하는 톡소홀몬 L을 포착제거함으로 식욕증진과 암세포 소멸제거 힘을 가졌다.

은 분자 집단으로 분해되어 흡수 됨으로 암 독소를 억제할 수 있다.(키틴·키토산 분해효소인 키토사나아제 및 키티나아제 존재) 이리하여 키틴·키토산을 만들고 있는 당분자에는 독소를 중화하는 작용이 있다는 것이 확인 되었다. 그 힘으로 독소가 없는 평상인(보통사람)과 같은 식욕 증진 작용이 확인되었다.

② 암세포를 제거하는 임파구를 강화한다.

키틴·키토산은 암세포를 죽이는 작용을 강화 시킨다. 인체에는 암세포 주변의 임파구의 작용을 강화하여 암세포를 살멸하는 힘이 있다. 특히 위장암과 같은 키틴·키토산이 직접 접촉할 수 있는 소화기계 암에는 큰 효과를 기대할 수 있다고 오꾸다 교수는 지적하고 있다. 임파구가 암을 살멸하는 작용은 혈액의 수소이온 농도(pH) 7.4(중성) 정도에서 가장 활발하다. 암세포 주변은 일반적으로 산성으로 기울어지므로 임파구는 활동하기 힘든다. 이때 키틴·키토산으로 장내 수소이온 농도를 0.5 정도만 알칼리성으로 높여주면 임파구의 활성도가 높은 환경이 되기 때문에 쉽게 암세포를 살멸할 수 있다. 이러한 키틴·키토산의 항 종양 작용은 일본 동북대학 약학부 연구진들에 의하여 명백히 밝혀지고 있다. 다시 말해서 키틴·키토산에는 암의 증식을 억제하는 작용이 있다는 것이 오꾸다 교수(일본 에히메대학 의학부 교수)의 연구로 명백히 밝혀졌다.

3. 키틴·키토산의 암 전이 방지 작용으로 사망율 저하

젊은 사람들은 암이 번식하여도 면역력이 강하여 이를 파괴함으로 암 발생율이 적지만 인체가 노화할 수록 면역이 저하됨으로 암을 파괴하는 힘이 약해져 암 발생율이 높아진다. 암에 의한 사망율은 전이에 의하여 많은 비중을 차지한다. 그러므로 암의 전이만 방지할 수 있다면 암의 공포는 많이 줄어들게 된다. 그 때문에 세계 과학자들의 연구도 전이 방지 쪽으로 성행하고 있다. 현재까지 세계 많은 과학자들의 연구에 의하면 키틴·키토산이 암의 전이 방지에 우수한 작용을 갖고 있다고 주목하고 있으며 연구도 활발히 진행되고 있다.

♠ 전이가 없으면 암은 무섭지 않다.

암의 전이는 암세포가 원래 발생한 장소를 이탈하여 이동하는 데서 발생한다. 암세포는 원래의 발생지 에서 이탈하여 혈관이나 임파관으로 들어가 흐름에 따라 환경적으로 가장 살기 좋은 곳에 서 재차 증식한다.

이 과정을 수차 반복하면서 암세포는 전이한다. 그러므로 이 전이과정의 한단계를 차단하면 암세포 전이를 미연에 방지 할 수 있다. 사실 암에 의한 사망의 많은 부분이 암의 발병부위를 제거(수술)한 후에 암세포가 폐, 간, 등에 전이 재발로 인한 것이다. 역으로 이야기하면 전이를 막으면 암에 의한 사망율은 줄어들 수 있다는 것이다.

북해도 대학 면역학 연구소에서(일본)는 암세포가 전이하는 과정중에 어느 한곳만 차단하면 전이를 막을 수 있다는 것에 착안하여 키틴 키토산을 선택 연구한 결과 암전이를 막아주는 작용을 찾아내었다.

암세포는 인체의 세포와 세포 사이에 있는 접착분자라고 하는 곳에 붙었다 떨어졌다 하면서 이동한다. 연구진들은 암세포가 접착분자에 붙기 전에 다른 물질이 먼저 접착분자와 접착, 차단하면 암세포의 이동을 저지할 수 있을 것이라 생각 하였다. 그래서 주목 된 것이 키틴 키토산 이었다. 이 실험 연구 결과는 대성공 이었다. 키틴 키토산이 암세포 보다 먼저 접착분자와 결합하기 때문에 암세포는 결합할 수 있는 상대를 발견 할 수 없으므로 전이 할 수 없다는 것이 확인되었다. 이 연구는 일본 동북대학「스즈끼 교수」와 공동 연구로 이루어 졌으며 더우기 키틴 키토산은 면역체를 강화하여 각종 종양(암)을 억제하고 있다는 것이 명백히 밝혀졌다. (일본 약학회 발표)

1. 암세포의 전이 과정

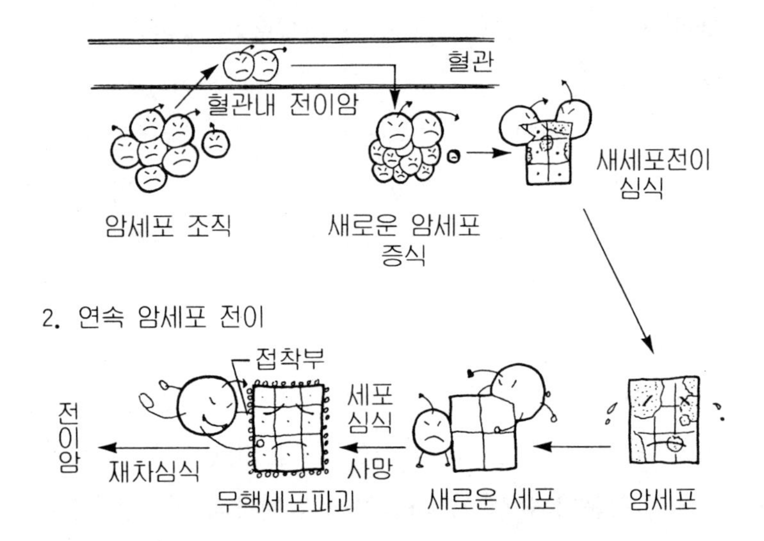

3. 암세포의 전이 차단

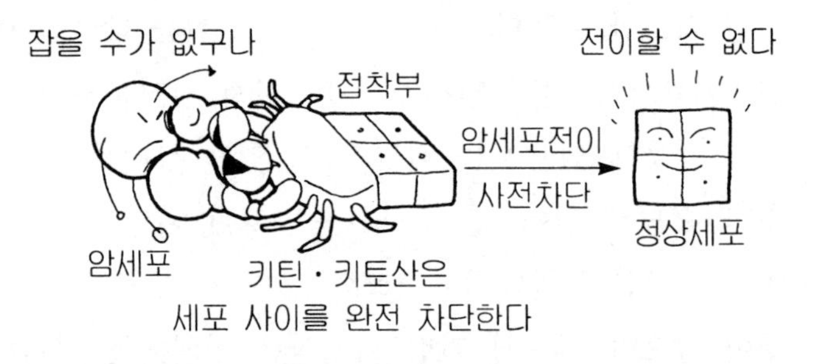

키틴·키토산은 세포와 세포 사이 접착부에 먼저 결합하여 암세포는 접착(설자리)할 수 없음으로 자연 사멸한다.

4. 고혈압을 억제하는 효과

최근 키틴 키토산의 출현으로 「식염(소금) 성분 중의

염소(鹽素)가 고혈압의 원인 이었다」는 것이 발표 되었다. (특히 본태성 고혈압) 일본의 「오꾸다」, 「카또」 양 교수의 연구에 의하면 혈압의 상승 원인은 소금중의 나트륨(Na)이 아니라 실상은 염소(Cl)라는 것이 드러났다.

더불어 키틴 · 키토산 만이 염소(鹽素 : Cl)를 체외로 배출할 수 있는 유일한 식이섬유(食餌纖維)이며 결과적으로 혈압을 억제할 수 있다고 하였다. 이는 의학계의 대혁명이라 할 수 있다. 왜냐하면, 소금(식염)이 체내에 들어오면 나트륨(Na)과 염소(Cl)라는 두성분으로 분리 되는데 지금까지 많은 학자들이 나트륨 이온이 혈압 상승의 원인이라고 생각하였기 때문이다. 우리 체내의 나트륨은 섭취량이 많고 적고 간에 항상 일정하게 유지되고 있다. 한편 염소는 섭취량에 따라 혈압이 올랐다 내렸다 한다. 상식적으로 생각하여도 나트륨 보다 염소 쪽의 변화에 의하여 혈압의 고저가 결정 된다는 것을 알수 있다. 나트륨은 전기적으로 플러스(+)의 성질을 갖고 있다. 일반적 식물섬유(食物纖維)들은 태반이 마이너스(−)로 하전(이온)되어 있으나 키틴 · 키토산은 식물섬유(食物纖維)질로는 유일하게 플러스(+)로 하전(이온)되어 있으므로 체내에 과량 섭취된 염소(−)와 결합하여 체외로 배설시키므로 혈압이 낮아 진다. 고혈압 치료에 있어 키틴 · 키토산은 21세기 현대 의약

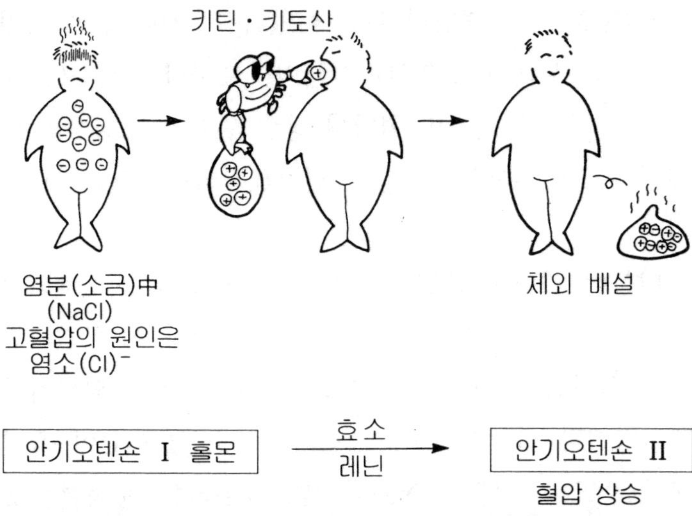

레닌 효소는 염소(Cl⁻)에 의하여 활성화하며 안기오텐숀〔II〕 출생선, 혈압 상승함으로 연소(Cl⁻)의 작용을 못하겠끔 키틴・키토산이 흡착 제거한다.

키틴・키토산은 ⊕이온을 가졌으며 소금 중의 염소(Cl)는 ⊖이온을 가졌으므로 ⊕ ⊖가 결합하여 배설함으로 혈압이 낮아진다.

학계에 혁명을 일으켰다. 지금까지는 고혈압 환자들은 염분의 섭취를 상당히 제한한 식사를 함으로 식욕이 떨어지기 쉬었다. 이제는 키틴・키토산을 잘 이용하면 어느정도 까지는 염분(소금)을 섭취하여도 고민할 필요가 없다.(안기오텐숀 I 에서 안기오텐숀II로 전화하는 전이 효소의 활성을 키틴・키토산이 억제한다. 안기오텐숀II가 많으면 혈압이 높아진다.)

5. 과잉의 콜레스테롤(CHOLESTEROL)을 정상화 한다.

현대인들의 잔병에 의한 사망율의 하나로 언제든지 발생할 수 있는 협심증, 심근경색증, 동맥경화증 등이 상위를 차지 하고 있다. 그 원인이 콜레스테롤에 있다는 것은 누구나 잘아는 사실이다.

키틴·키토산이 이상화(異常化)된 콜레스테롤치를 정상화 시키는데 우수한 성능을 갖고 있다는 점이 주목받게 되었다. 근래 우리나라 식생활에서도 바람직 하지 않은 동물성 지방의 섭취량이 증가하고 있다. 이에 따라 혈중 콜레스테롤치도 증가를 계속하고 있는데, 특히 젊은 사람들의 콜레스테롤치는 심근경색증이 많다는 미국보다 높아질 수 있다고 지적하고 있다. 이러한 이유 덕분에 콜레스테롤하면 인체에 유해한 것으로만 생각되나 실은 콜스테롤은 우리 몸에 없어서는 안될 존재이다. 그 이유는,

① 정상치의 콜레스테롤은 플러스(이익)의 작용을 한다.

사람의 몸은 세포의 집합체로서 구성되어 있다.(약 60조개) 콜레스테롤은 인지질(지방의 하나)과 더불어 세포막을 구성하고 있는 중요한 요소의 하나이다. 같은 몸 중에서도 뇌나 신경계에 있어 콜레스테롤의 작용은

생명 활동에 있어서 대단히 중요한 일을 한다. 또 여성 호르몬, 남성 호르몬을 만드는 중요한 원료가 되는 것도 콜레스테롤이다. 지방의 소화흡수에 없어서는 안될 담즙산(膽汁酸) 역시 콜레스테롤로 구성된다. 그러므로 콜레스테롤은 그 정상치 범위내에 있는 한 우리들 건강에 도움을 준다. 그러나 일단 콜레스테롤이 정상치를 벗어나 과잉되어 혈관 벽에 축적되기 시작하면 혈액의 흐름을 악화시키고 유해산소에 의하여 동맥경화 등의 문제를 야기한다. 이와 같이 넘치는(과잉) 콜레스테롤치를 적절하게 조절하는 훌륭한 작용을 하는 것이 키틴·키토산이다. (정상치 콜레스테롤(130-230 mg/dl)

체내의 콜레스테롤 흡수는 장 표면에서 이루어 진다. 콜레스테롤이 장에서 흡수되기 위해서는 「콜레스테롤 에스텔」로 변화해야만 한다. 이런 콜레스테롤 에스텔로의 변환에는 중간 복덕방인 콜레스테라제(CHOLESTERASE)라는 효소가 필요하다.

$$\text{콜레스테라제} \xrightarrow[\text{장에서 흡수}]{\text{콜레스테롤}} \text{콜레스테롤 에스텔}$$

효소(콜레스테라제)가 일을 하려면 조건이 필요하다. 콜레스테롤의 소화 흡수 효소가 분비되기 위해서는 담즙산과 콜레스테롤이 공존하여야 한다. 그런데 담즙산과 키틴·키토산은 결합하기가 쉬워 우선적으로 결합한 뒤 체외로 배설된다. 그 결과 콜레스테롤 주위의 담

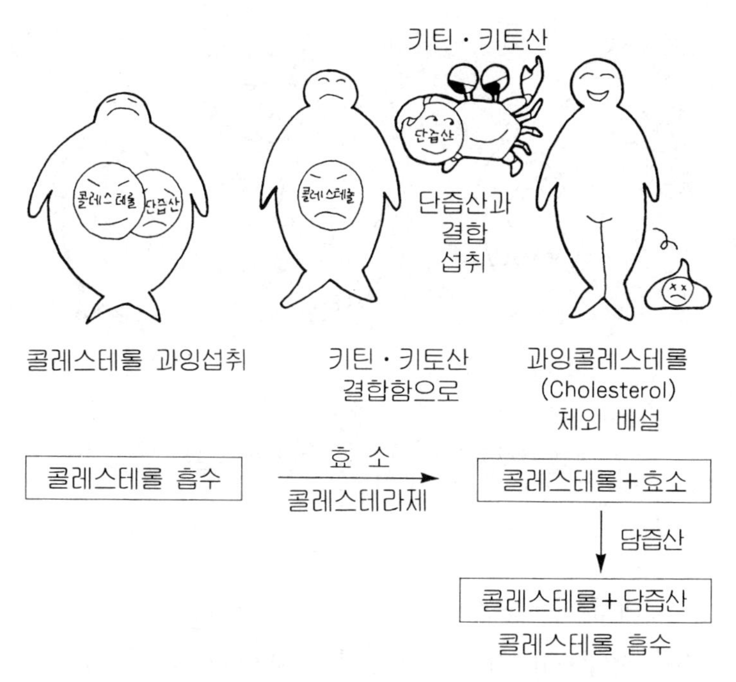

콜레스테롤이 흡수될려면 콜레스테라제라는 효소가 있어야만이 혼합하여 흡수된다. 이때 콜레스테라제 효소나 담즙산 즉 양자간에 하나만 없어도 흡수가 안된다. 키틴・키토산은 담즙산과 결합함으로 콜레스테롤은 흡수가 되지 못하게 되어 체외로 배설된다.

즙산이 없어져 효소(콜레스테라제) 분비가 억제되고, 따라서 콜레스테롤은 콜레스테롤 에스텔로 변화할 수가 없으므로 장에서의 흡수가 불가하여 혈액중의 콜레스테롤은 감소 하게 된다. 이와같은 결과로 키틴・키토산은 과잉 콜레스테롤의 흡수를 억제할 수 있다.

② 지방의 흡수도 방해한다.

키틴・키토산은 전기적(電氣的)으로 플러스(+)이므

키틴 · 키토산은 ⊕이온이며 지방은 ⊖이온이므로 서로 결합하여 흡수가 되지 않음으로 제거된다. 동시에 콜레스테롤(월요)도 간섭 제거된다.

로 체내의 마이너스(－)전기를 띤 유적(油滴 : 기름) 주위에 집합하여 지방의 흡수를 방해한다. 그러므로 키틴 · 키토산과 지방을 같이 섭취하면 체내에 남는 지방량은 극히 적어진다. 혈액중의 지방은 절대 단독으로 존재하지 않는다.

반드시 콜레스테롤과 단백질과 같이 혼합된 입자중에 존재한다. 이와 같이 복잡하게 결합된 상태의 지방이 혈액중에서 적어지면 콜레스테롤도 같이 감소 된다. 이와 같이 키틴 · 키토산은 과잉의 콜레스테롤치를 정상으로 원상복귀하는 작용이 있다는 것이 많은 연구기관들의 동물실험과 인체 실험에서 확인되어 임상으로 응용되고 있다. 특히 「카노 교수」는 많은 식물섬유(植物纖維)보다 키틴 · 키토산 을 투여하는 쪽이 월등하게 혈중 콜레스테롤 치를 저하 시켜준다고 연구 실험 결과로 확인 발표하였다. 좀더 과학적으로 보면, 담즙산은 자기 역할이 끝나면 장으로 부터 재흡수되어 담낭으로 돌아간다(장관 순환). 그렇지만 키틴·키토산과 결합하여 체외로 배출되면 인체는 일정량의 담즙산을 유지하기 위하여 간장에서 새로운 담즙산을 생산할 필요가 있게 된다. 이때 혈액중의 콜레스테롤이 담즙산 생성에 이용되므로 혈액중의 총 콜레스테롤 치가 저하된다. 그 근거로는 말초 조직으로 부터 운반되어 간장에서 담즙산으로 변하는 H.D.L.(HIGH DENSITY LIPOPROTEIN : 고비중 지질 단백질－인체에 유익) 콜레스테롤이 키틴·키토산의 섭취로 증가하기 때문이다.

6. 키틴·키토산에는 간장기능 강화를 기대한다.

간장은 옛부터 우리들 몸중에서 가장 중요한 장기로 여겨졌으며 주된 일로서는 당, 단백질, 지방등을 인체에 적합하게 재합성하는 기능과 체외로부터 반입되거나 체내에서 발생한 독소를 해독하는 작용 및 장으로부터 지방이나 비타민류의 흡수에 큰 역할을 하고있는 담즙산의 배설등을 하는 큰 역할을 한다. 이 장기는「침묵의 장기」라 말하듯이 다른 장기에 비하여 인내력이 강한 장기이므로 어느정도 기능이 저하되었어도 외부에 확실한 증상이 나타나지 않는다. 그렇기 때문에 본인이 알지 못하는 사이에 간장의 질병이 진전될 수 있는 것이다. (단 3/4 이 상해받고 1/4 만이 있어도 소생가능)

♠C형 간장 바이러스도 소멸

간장 질환의 주원인으로서는 바이러스, 술, 약등이 있다. 특히 바이러스성 간질환 중 C형 바이러스에 의한다. 한번 간장에 질병이 발생하여 만성화되면, 이것을 치료하는 특효약이 없다는 것은 누구나 잘 아는 바

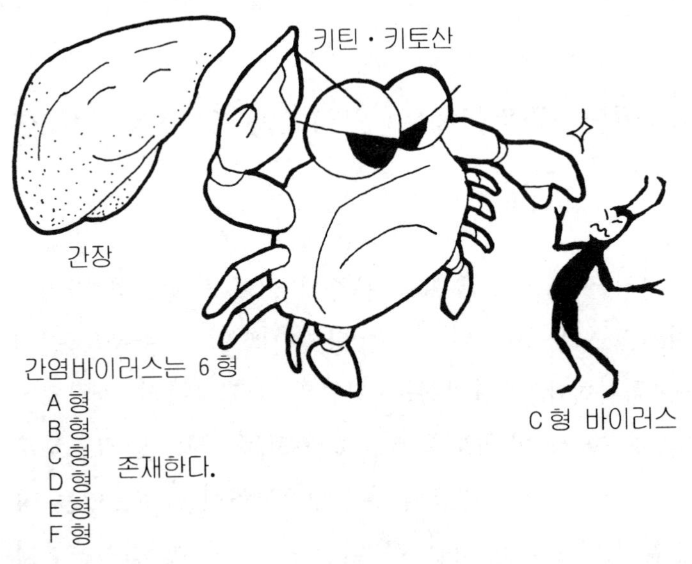

키틴·키토산은 간장 바이러스의 침입을 방어하며 침입한 바이러스도 차츰 흡착 제거하여 간을 원상태로 되풀어 준다.

이다. 현대인들은 간장질환에 관심을 가져야 한다. 특히 건강할 때 부터 간 상태에 눈을 뜨는 것이 중요하다. 그러기에 「키틴 키토산은 간장의 기능을 강화하는 작용이 있다」라는 보고는 마음든든한 것이다. 「C형 간염 바이러스가 키틴·키토산을 이용하여 소멸 되었다」라고 하니, 바이러스 간염 환자 뿐만이 아니라 전 인류에게 혜택을 베푼 조물주에게 감사드려야 한다.

7. 혈당치의 상승을 억제하고 당뇨병을 개선

현재 우리나라 당뇨병 환자수도 약 200만명이 넘는다고 한다. 이 질병은 문명의 발달과 더불어 증가한다고 한다. 예를 들면 편리하고 쾌적한 환경은 한편으로는 현대인에게 운동할 수 있는 기회를 빼앗아 갔다. 식생활 변화에 따라 지방이나 동물성 단백질의 섭취량이 급속히 증가하고 있다. 이 결과 당뇨병이 급증하게 되었다고 본다. 이렇게 생각하면 당뇨병은 어떤 뜻에서는 풍부한 생활의 표상 이라고도 말할 수 있겠지만, 무서운 점은 몸의 저항력이 약해지며 머리부터 발끝까지 온전신에 합병증이 발생한다는 것이다. 이 당뇨병에 대하여 키틴·키토산의 효과가 현재 주목받고 있다.

여기서 우선 당뇨병에 대하여 간단하게 설명해 보자.

보통 삼대 영양소라 하면 당질, 단백질, 지방을 꼽는

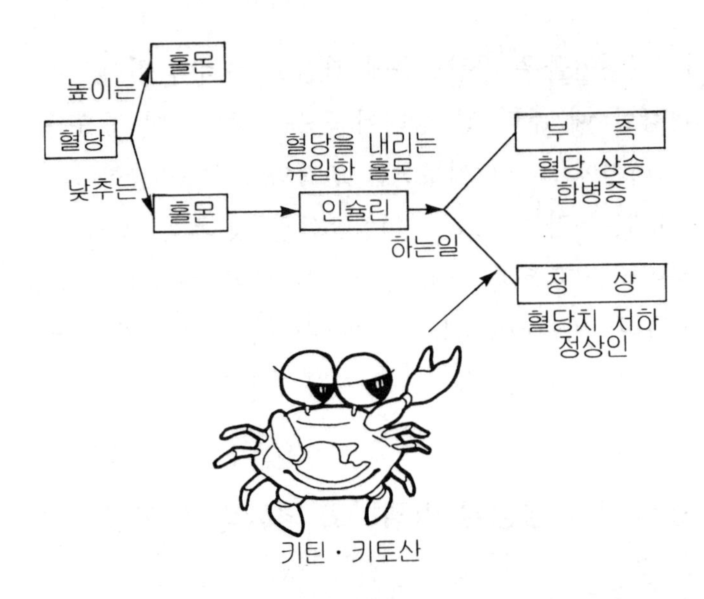

키틴·키토산은 식물성섬유(植物性 纖維)와 같은 일을 하는 물질로 인슐린을 활성하여 혈당을 저하한다.

다. 그 중 당질이란, 함수탄소(전분)에서 섬유질을 제외한 것이다. 이 당질은 간에서 포도당으로 전환되어 몸활동을 위하여 필요한 에너지(힘)가 된다. 포도당이 체내에서 에너지가 되거나 저장될 때는「인슐린」이라는 호르몬이 필요하다. 결국 당뇨병이란 이 호르몬(인슐린)이 부족하거나 세포의 상태가 좋지않아 당질을 에너지로 활용하지 못함으로 일어나는 질병이다.

♠인슐린 부족이 혈당치 상승(한다) 원인

우리들 몸에는 혈당치를 일정하게 유지하기 위한 장치로서 혈당치를 높이는 호르몬과 내리는 호르몬이 구비되어 있다. 여기서 혈당을 올리려는(상승) 작용을 하는 호르몬은 여러가지가 있으나 혈당을 내리는(저하) 작용의 호르몬은 인슐린 하나 뿐이다. 따라서 인슐린이 부족하든지 인슐린이 충분히 있어도 몸 세포 상태가 좋지 못하면 인슐린 호르몬을 잘 이용할 수 없게 되고 혈당치가 점점 상승하여 당뇨병이 발생하게 된다. 당뇨병의 예방과 치료에 식물성 섬유가 대단히 유효하다는 것은 잘 알려져 있는 바이다. 그중에서도 키틴 · 키토산이 혈당치 저하에 뛰어난효과가 있다는 것이 명백하게 되었다.

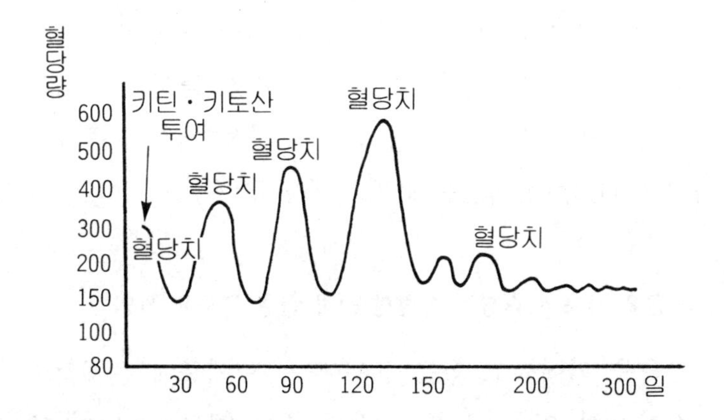

당뇨에 키틴 · 키토산을 투여하면 윗 그림과 같이 혈당치가 상승하였다 하강하였다 하는 기한이 길다. 그러나 약 3~6개월 경과후 부터는 차츰 하강한다. 개인차가 많다.

8. 산성 체질을 개선하고 질병이 발생하지 않는 체질을 만든다.

키틴·키토산은 질병이 발생하기 쉬운 산성 체질을 약 알카리성으로 되돌려 보내주는데 우수한 작용을 한다. 그렇다면 예를 들어보자. 피로하기 쉽다든가 질병이 발생하기 쉽다고하는 산성체질에 대하여 좀더 상세히 알아보자. 현재 세계 학자들 중에는 산성 체질이란 있을 수가 없다고 주장하는 사람들이 있다. 본래 혈액중 수소 이온 농도(pH)는 적혈구 중의 헤모글로빈에 의하여 일정하게 조절되어 있음으로 항상 pH 7.4의 약알칼리성을 유지하고 있으며, 이 수치는 음식등에 의하여 변화할 수 없다라고 한다. 사실이다. 오꾸다 교수는 다소 의견이 다르게 해석한다. 즉, 혈액이 산성이 된다는 것은 잘못이다. 그러나 근육을 둘러싸고 있는 용액이 유해산소에 의하여 산화된 산성 체질이 존재한다고 한다.(산성체질은 유해산소가 많다.)

♠ 근육 세포의 산성화(유해산소)가 산성 체질의 원인

근육을 외어싸고 있는 용액에는, 혈액중에 존재하며 일정한 pH 이온농도를 유지해 주는 헤모글로빈이 태반 존재하지 않는다. 한편 근육대사에 의하여 탄산가스(炭酸 GAS : CO_2)가 흘러 들어오므로 근육을 외어싸고

키틴·키토산

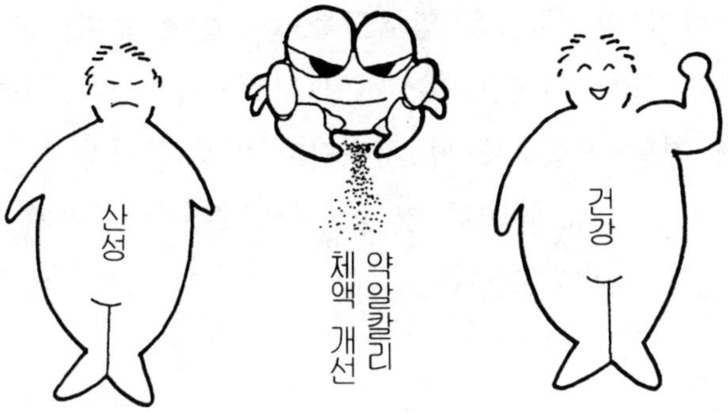

산성

약알칼리
체액 개선

건강

두통 견갑부통
암, 당뇨냉증
콜레스테롤
등 다수 발생

특히 세포와 세포간이 중성이면
인슐린 흡수율이 100% 활성화되는
역할을 한다.

있는 용액은 산성화 되기 쉬운 상태에 있다.(유해산소 과다) 이는 한방에서 말하는 산성이라고 하는 용액 즉, 「수독(水毒)」에 해당된다. 근육세포를 둘러싼 용액이 산성화(유해 산소 증가)하면 면역 기능 작용을 하고있는 임파구의 작용이 둔하게되어 면역기능이 저하되고 여러가지 질병이 발생하기 쉽다. 이 때 키틴·키토산을 먹으면 체액의 수소이온농도(pH)를 7.4의 약 알칼리성으로 되돌려 주어 산성 체질은 개선된다. 앞에서 말한 것 처럼 암세포 주변은 산성이므로 임파구가 활발한 면역활동을 할 수 없게되고 암은 점점 온몸으로 퍼진다.(전이) 이 때 키틴·키토산에 의하여 산성 체질을 개선하면 임파구들은 암세포를 살멸하여 준다. 오꾸다 교수는 산성 체질을 개선하면(키틴·키토산에 의하여) 어깨 결림(견갑부통)이 치유되며 냉증(몸전체가 참)이 사라지고 당뇨에 의한 갖가지 합병증등 여러가지 질병에 효과가 있다고 한다.

9. 생체에 대한 적합성이 높아 세포의 활성이나 진통, 지혈 효과도 있다.

키틴·키토산에 의하여 만들어진 「인공피부」나 「봉합사」와 같은 의료(약)품이 세계 각국에서 수없이 많이 개발되어 있다. 키틴·키토산을 사용하면 인체는 거부(拒否) 반응을 나타내지 않는다. 이것은 키틴·키토산이 우리 몸에 대단히 적합한 소재이기 때문에(동일) 가능하다.(인체의 면역 기능이 키틴·키토산을 이물(異物)로 보지 않기 때문이라고 연구 실험에서 밝혀져 확인 되었다.)

♠ 몸의 일부로 되기 쉬운 키틴·키토산

그 이유는 키틴·키토산과 생체간에는 무엇인가 공통점이 있기 때문이다. 포유류의 몸에는 키틴·키토산과 동일한 구조를 가진 것은 존재하지 않는다. 그러나

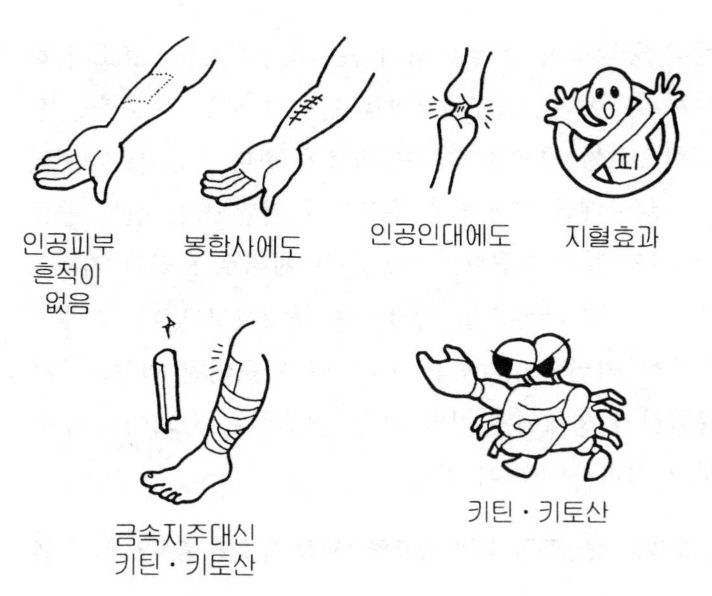

키틴 · 키토산은 인공피부, 인공인대, 금속지주 대체효과와 지혈효과 등이 있고 체질과 거의 동일한 성질이 있기 때문에 100% 동화하여 같은 체질이 되고 만다.

체내로 도입된 키틴 · 키토산은 체내에서(효소작용) 어느 단계까지 분해되면(글루코사민 GLUCOSAMINE)으로 그 구조가 바뀌어 우리 몸과 조화를 이룬다. 이와 같이 포유류의 세포와 키틴 키토산 간에는 일정한 공통점 있으므로 키틴 · 키토산에 대하여 생체는 거절 반응을 일으키지 않는다. 좀더 상세히 말하면 키틴 · 키토산이 체내에 도입되면, 시간이 흐름에 따라 체내에 존재하는 「리소짐(LYSOZYME)」이라는 효소에 의하여 분해되어 생체와 같은 구조를 갖게 되어 그대로 생체의 일부가 된다. 이 「리소짐」은 본래 체내에 들어오는 세균을 공격하여 생체를 방어하는 작용이 있는 효소의 하나이다. 이 효소는 세균벽을 만들고 있는 주성분을 분해함으로써 세균을 죽이는 작용을 한다. 그런데 재미있는 것은 세균 세포벽의 주성분과 키틴・키토산의 구조가 거의 같기 때문에 「리소짐」은 체내로 도입된 키틴・키토산까지 세균으로 착각하여 분해하고 만다. 그렇기 때문에 키틴・키토산을 사용하여 만들어진 인공피부와 봉합사가 생체에 적합한 것은 당연하다. 그외에도 우수한 성질이 구비되어 있다.

♠세포 활성화가 있기 때문에 「화상」치료후 흔적이 남지 않는다.

우선 키틴・키토산에는 세포 자체를 활성화는 작용이 있기 때문에 화상부위에 사용하면 세포의 재생이 빠르고 화상 흉터(흔적)가 남지 않는다. 키틴・키토산으로 만든 봉합사는 상처가 아직 유착되기 전에는 실의 강도가 충분히 보장되며, 완치된 후에는 분해되어 흡수된다.(글루코사민으로) 즉, 봉합사로 대단히 좋은 성질은 갖고 있다. 이것은 키틴・키토산이 체내에 많이 존재하고 있는 단백질을 분해하는 효소나 당질을 분해하는 효소 종류에는 분해되지 않으나 「리소짐」에 의해 서서히 분해되어 가는 성질이 있기 때문이다.

♠키틴・키토산으로 만든 인공 인대

키틴·키토산을 인공피부로서 이용한 결과 표피 형성도 빠르고 상처의 흔적도 깨끗하다. 또한 진통, 지혈효과도 발휘하였다. 이외도 키틴·키토산 실(섬유)을 여러가닥 합하여(꼬아) 인공인대도 만들고 있다. 보통 인대는 체내에 이식한 후 또다시 제거하는 수술을 하지 않으면 안된다. 그러나 키틴·키토산으로 만든 인대는 인체에 투입되면 리소짐등의 효소에 의하여 분해 용해됨으로 이식한 그대로 재수술할 필요가 없다. 그리고 지금까지 골절 치료에는 금속 지주(받침대)를 삽입하여 뼈를 고정시켜놓고 뼈가 원 상태로 복원되면 금속의 지주를 제거하는 수술을 하여 왔다. 그러나 키틴·키토산을 소재로한 지주는 이를 제거하는 재수술을 할 필요가 없다. 이와 같이 대단히 우수한 성질을 구비하고 있는 키틴·키토산 제재 의료품들이 인기 집중하에 이용되고 있다. 뿐만 아니라 임상에서 기능성 식품등으로도 각광을 받고 있다. 과거에는 화상 상처등의 치료시 피부 대용으로 동결 건조(갑자기 세포를 얼림)하여 만든 돼지 피부나「콜라겐 막(COLLAGEN 膜)」등이 사용되어 왔다. 키틴·키토산 성분은 아미노산 다당체, 동물 단백질 제재로 생체에 적합성을 갖고 있으면서도 천연 고분자라는 점이 다르다.

인공피부의 특징은 ① 피부에 순하며 지혈 효과가 있으며 표피 형성이 순조로우며 흔적이 남지 않는다. ②

염증등의 부작용이 없고 아픔도 없다. (진통효과) ③ 그 외 교통사고등 외상, 피부이식, 정형수술등 활용범위가 넓다는 장점을 갖추고 있다.

10. 무서운 중금속 피해로 부터 몸을 지켜준다.

높은 경제성장의 부산물이 생산해낸 피해로서 이따이 이따이병, 미나마다 수은중독병, 우유의 비소중독등 중금속 공해가 심각한 사회 문제로 대두 되었다. 키틴·키토산을 이용하여 체내의 중금속과 결합하여 체외로 배설하는, 중금속 제거에 대혁명이 이루어 졌다. 예전에는 경제적 번영 뒤에는 음성적 희생자가 많았다.

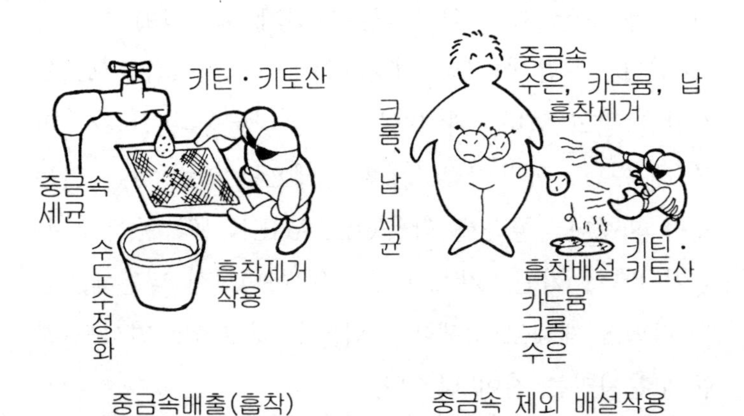

중금속배출(흡착)　　중금속 체외 배설작용

키틴·키토산은 세균이나 중금속 제거로 수도수를 정화하며 체내에 흡수된 중금속(크롬, 수은, 카드뮴, 납등)을 흡착하여 배출한다.

좀더 일찌기 키틴·키토산이 실용화 되었다면 한다.

♠세균 제거 작용으로 정수기로 이용

중금속이 필요 이상으로 체내에 투입되면 여러가지 장애가 나타난다. 예를들면 크롬(Cr)은 암, 기관염등을 유발할 위험이 있으며 납(Pb)에서는 발암성이나 신경계 장애를 일으킬 위험이 나타난다. 특히, 현대인은 비교적 많은 환경오염 하에서 생활하고 있기 때문에 알게 모르게 필요 이상의 중금속이 체내에 침투하는 상황에 놓여있다.

이런 시점에서 체내에 들어온 중금속을 체외로 배설하는 작용이 있는 키틴·키토산의 등장은 실로 대단한 희소식이라 본다. 그외 키틴·키토산은 세균들을 제거하여 주므로 음료수중의 중금속이나 세균 정화에도 이용한다. 이 성질을 이용하여 정수기가 다량 출현 시장화되고 있다.

11. 약의 효과를 역으로 더 높여준다.

"의약품은 독이다"라고 하는 말은 모르는 사람은 없다. 약의 복용은 가능한 최소량으로 효과를 보는 것을 원칙으로 보아야 한다. 키틴·키토산은 약의 효력을 도와주며 약과 결합하여 체외로 서서히 방출함으로 효과

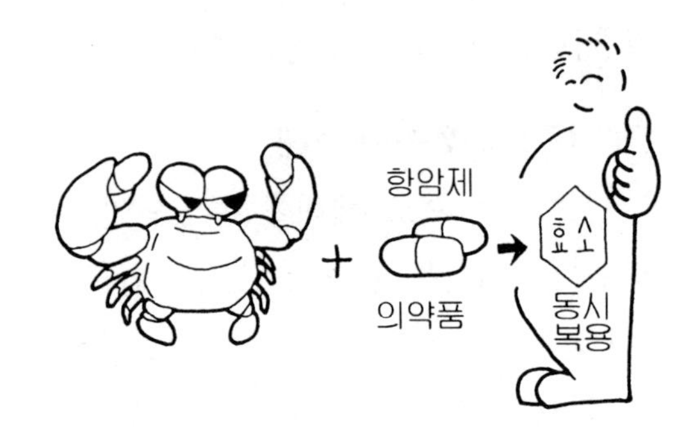

특히 항암, 제암제 부작용을 연하게 한다.
체내 효소에 의하여 약과 키틴 · 키토산은
서서히 분리된다.

독성이
강한 약이

소량식
분리

분리된
키틴 ·
키토산

약의 효과가
서서히 작용

은근한 효과가
나타난다.

몸과 같은
성분으로 변화

키틴 · 키토산과 독성이 강한 항암, 제암제를 같이 복용하면 서로 결합하였다가 체내 효소(Lysozyme)에 하여 서서히 분리방출(**퇘젼펩**)됨으로 독성이 약한 의약품이 되어 효력을 발생하며 분리된 키틴 · 키토산은 체성분과 같이 융합된다.

를 지속적이게 하며 소량으로 그 목적을 달성할 수 있게 한다. 예를 들어보자. 항암제나 제암제는 무서운 세포 독성을 갖고 있다.(유해 산소 발생) 그러므로 일정한 농도로 서서히 작용하는 쪽이 암세포의 증식을 억제하기 쉬우며 항암제나 제암제의 강한 부작용을 면하게 할 수 있다. 이와 같이 복용후 서서히 약의 성분 효과가 방출하는 상태로 만든 약을 「서방성 약제(徐放性 藥劑)」라고 한다.

키틴 · 키토산은 이 서방성 약제를 만드는데 최고의

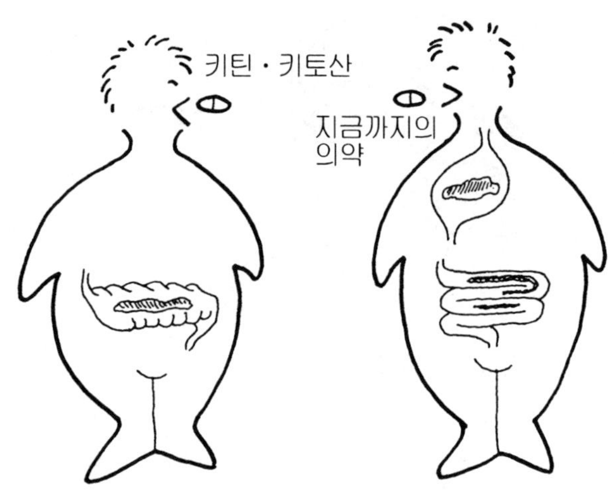

지금(현재)까지의 의약품은 위나 소장에서 용해 흡수되어 목적발휘가 어려웠으나 키틴 · 키토산은 위나 소장에서 용해되지 않으며 큰창자(대장)에서 용해되어 흡수됨으로 충분한 목적효과를 달성할 수 있다.

성질을 갖고 있다는 것이 최근 연구에서 명백히 밝혀졌다. 즉, 키틴 · 키토산과 약의 성분을 화학적으로 결합한 것을 복용하면 체내 효소 리소좀등에 의하여 서서히 분해되어 결합되었던 성분이 조금식 방출 효과를 낸다. 물론 이때 키틴 · 키토산은 생체에 적합하기 때문에 무해하며 면역체를 도와주어 약의 효과를 상승 시키는 역활을 한다.

♠ 부작용이 없고 대장에서 약효를 발휘할 수 있다.

지금까지의 약은 태반이 위나 소장에서 용해됨으로 대장에서 약효를 내게 하려면 참으로 불편하였다. 그래

키틴·키토산은 대장에 직접 도달함으로 대장암(약의 운반에 결합) 세포에 직접 공격함으로 효과를 발휘한다.

서 대장까지 약이 도달하게 하려면 약의 양을 늘리는 방법 밖에 없었다. 약의 양이 증가한 만큼 당연히 부작용이나 위험성도 높았다. 이와 같은 고민을 해결하여 준 것이 키틴·키토산이었다. 이것을 이용하면 약의 양을 최소한으로 하여도 목적장기(대장까지)에 약을 효과적으로 작용시킬 수 있으며 부작용도 감소 시킬 수 있다. 장암이나 궤양성 대장염 치료등에 가장 유효할 뿐만 아니라 약제가 직접 환부에서 방출 됨으로 최소한도의 투여량으로 목적을 달성할 수 있었다. 키토산은 식품 보전제(방부제 역할)로서도 사용하고 있는데 인체에 악영향은 전혀 없다. 보통「젤라틴 교갑」은 위산에 의하여 용해된다.(장용성 교갑도 소장에서 용해됨으로 약을 대장까지 운반하는 수단은 지금까지는 없었다.)

암세포는 온도에 약한 점을 이용하여 키틴 키토산에 온도를 높이는 약제를 혼합하여 투여하면 암세포막 투

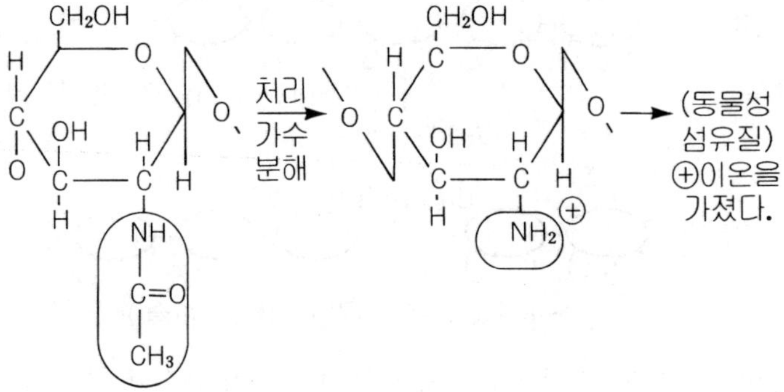

처리 가수분해

(동물성 섬유질) ⊕이온을 가졌다.

키틴(Chitin)　　　　키토산(Chitosan)

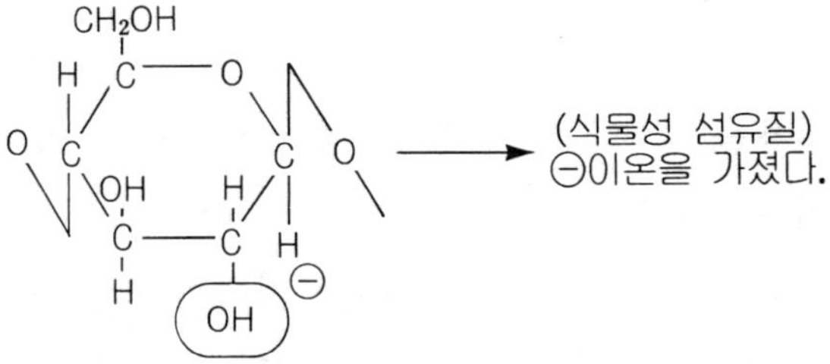

(식물성 섬유질) ⊖이온을 가졌다.

셀루로즈(Cellulose)

키틴($NHCOCH_3$)을 가수분해하면 키토산(NH_2)이 된다. 식물섬유[cellulose(−OH)]는 구조식으로 보아도 완전히 차이가 있다.

과성이 급격히 높아진다. 약제가 이 막을 투과하여 약효를 발출함으로 암세포는 사멸 된다.

12. 키틴 올리고당, 키토산 올리고당에도 항암 작용이

앞에서 이미 저술한 바와 같이 키틴 키토산에는 면역

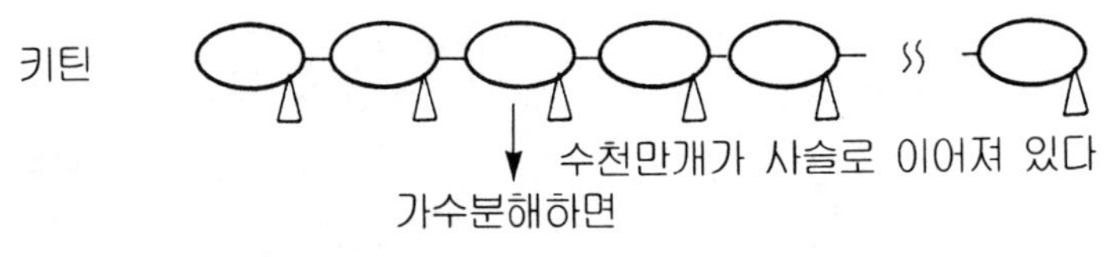

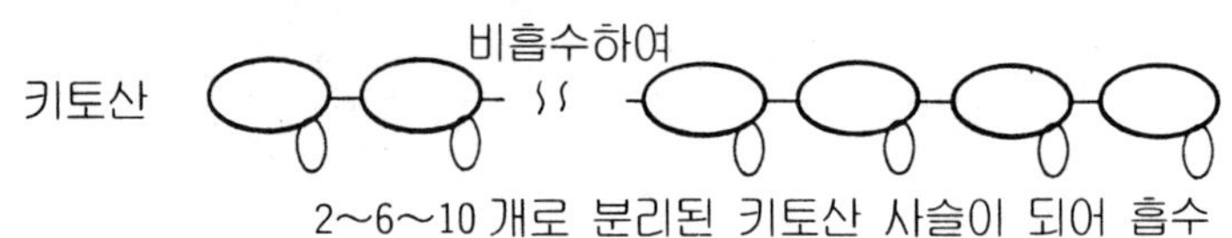

키틴은 수천~수만개 사슬로 이어져서 전혀 흡수가 안된다. 그러나 이것을 가수분해하여 키토산으로 2~6~10개로 절단하면 체흡수되어 자기의 효력을 발휘한다. 이것을 키틴올리고당이라고 한다.

작용을 강화하여 암을 억제하는 작용이 있다. 지금 까지는 키틴 · 키토산을 편의상 한마디로 사용하였으나 정확하게는 「키틴」을 화학처리하여 생산된 것이 「키토산」이다. 키틴과 키토산은 대단히 많은 분자가 결합하여 되어있다. 이것을 분해하면 분자수가 적은 화합물이 된다. 올리고당이라는 말은 이 길고 긴 분자고리를 절단하여 2—10개 내외의 적은 화합물로 만든 것을 말한다.

올리고당은 암을 예방하는 면역체 힘을 높이며 장내(대장에 존재) 「비피더스」균의 작용을 강화하는 등 우수한 작용을 하는 것이 확실히 밝혀져 주목되고 있다.

키틴 올리고당이나 키토산 올리고당은 면역력을 강화하여 암을 억제하는 작용을 구비하고 있다.

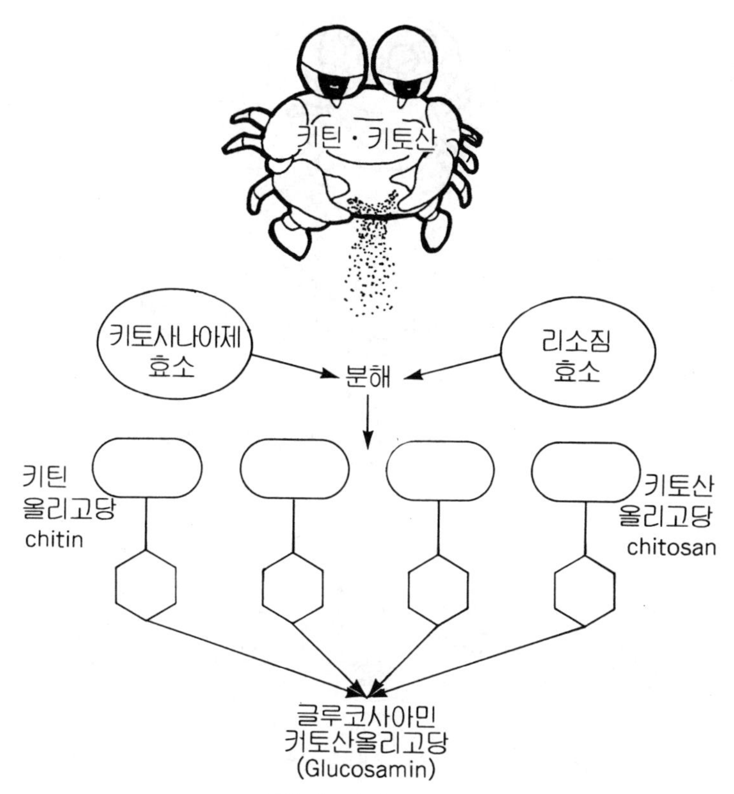

<체내 흡수 효과>

키틴을 키토사나아제 및 리소짐 효소에 의하여 체내에서 가수분해하면 목적물질 키토산올리고당이 되어 흡수효력을 보게 된다.

♠ 대식세포(마크로-파지)를 자극하여 암세포의 증식을 억제한다.

키틴 올리고당, 키토산 올리고당 중에서도 6개의 분자 상태가 가장 효과적으로 암세포 증식을 억제한다. 즉, 6개 분자로 된 올리고당은 대식세포를 자극하여 면역체 전체의 작용을 강화 활성하여, 결국 암세포를

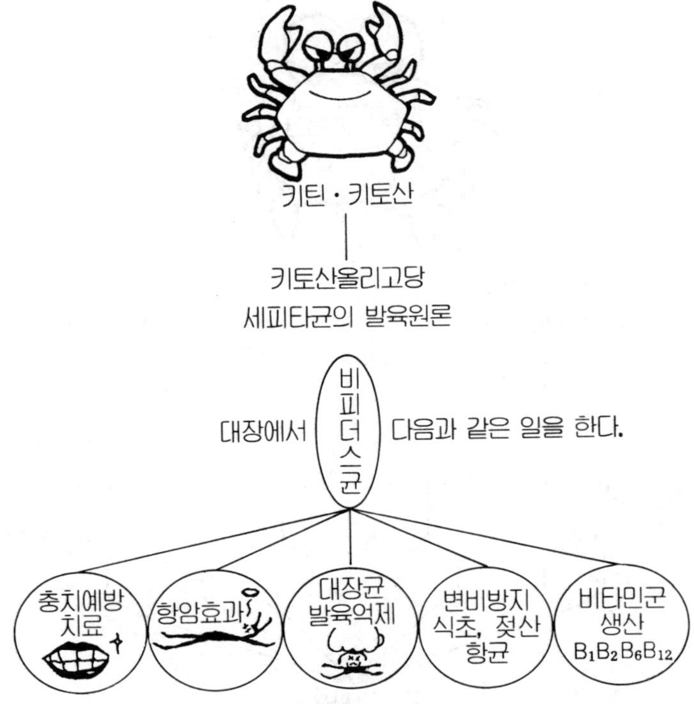

키틴 · 키토산은 큰창자 유효균(비피더스 젓산균)의 성장도와 식초젓산 등을 생산하여 유해균을 살멸하며(유해산소 생산방지) 대장암 발생과 항암효과가 있다.

공격하는 활동이 왕성해짐으로 암세포의 증식을 억제하는 것이 명백하여 졌다.

13. 세균의 증식을 방지하며 장내 유용균을 증가시킨다.

키틴 · 키노산은 동물(動物)섬유소의 하나이지만 식

물섬유는 태반이 마이너스(− 음성) 이온을 갖고 있는데 반해 「키토산」만은 희귀하게도 플러스(+ 양성) 이온을 갖고 있다. 한편 세균은 마이너스 이온을 갖고 있기 때문에 키틴 키토산과 만나면 음(−), 양(+) 이온이 즉시 결합하여 체외로 배설되기 때문에 생체는 세균으로 부터 해방된다. 이와 같은 성질을 이용하여 식품부패 방지에 이용하고 있다. 즉 세균의 증식을 방지함으로 부패를 막을 수 있어 이 성질을 살려 키틴 키토산을 방부제로 사용한다. 예로 빵, 면종류, 된장, 간장등의 곰팡이균(음이온) 증식 방지등에 이용할 뿐만 아니라 섬유업계에서는 아토피성 피부염 방지용 의류, 무좀 방지용 양말등에도 이용한다. 종합병원등에서도 내성이 생긴 메치씨린 내성 황색 포도상 구균(MRSA)의 증식 억제에도 이용하고 있다.

♠ 대장균 등에는 강한 항균 작용을 발휘한다.

장내에서 서식하고 있는 100조개 세균이 우리 건강에 크게 해를 끼치고 있다. 이때 대장균은 우리들에게 유해한 독소(유해산소)를 생산한다. 이 해를 막아주는 균(젖산균, 비피더스균) 즉, 유용균(예 : 비피더스균)은 젖산과 초산(식초)등을 생산하여 대장균의 성장을 방어한다. 이때 비피더스균의 영양소가 되는 물질이 키틴·키토산(키틴·키토 올리고당)이다. 이리하여 대장균에 대한 강한 항균작용을 나타내는 것이 확인되었다.

키토산 올리고당에 대한 연구는 세계가 지금 시작한 단계라고 볼 수 있다. 더욱 앞으로 이 연구에 기대된다.

제 7 장

미용 효과나 애완 동물에도

1. 복용외에도 무궁한 키토산 활용

키토산은 복용으로 건강을 회복시키는 성과만 있는 것이 아니다. 일상 생활에서 접할 수 있는 여러 면에 효과가 있다. 미용면에서도 스킨 케어, 헤어 케어, 상처 치유 또는 애완동물 건강유지에도 매일 같이 사용할 수 있다.

2. 준비하고 있으면 편리한 키틴·키토산 수용액 제법과 이용법

키토산은 음용하는 것 외에도 여러가지 이용법이 있다.

① 수용액으로 만들어 피부에 바르는 방법 하나를 소

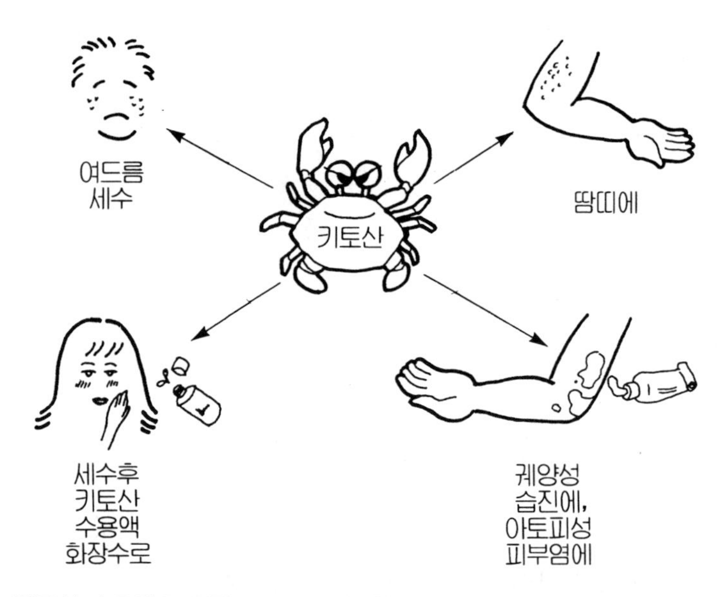

키토산 수용액은 화장수로, 물로 각종 외상 습진 땀띠등 다양하게 이용한다.

개하면, 정제 키토산(90% 정도) 분말 1 g(1000 mg)과 물 200 lm를 합하여 가볍게 흔들어 준다.

② 여기에 젖산(乳酸) 또는 구연산 1 g을 가하여 또 한번 가볍게 흔들어 준다.

③ 먼지가 들어가지 않도록 뚜껑 또는 랩으로 덮고 잠시 방치한다. (약 5분)

④ 눈으로 볼 때 잘 용해된 것 같으면 다시 물을 가하여 총액 1000 ml(1 L)로 만든다.

⑤ 사용하기 쉬운 용기에 옮겨 넣고 냉장고나 찬곳에서 보관한다.

<키토산 수용액 만드는 방법>

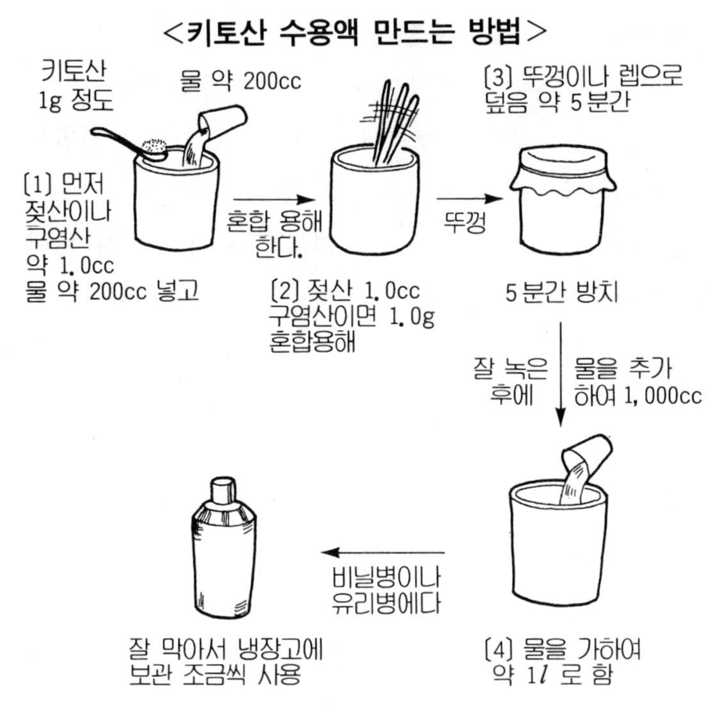

누구나 간단하게 키토산수용액을 만들어서 다방면에 사용할 수 있다.
(※ 단 1개월이 지나면 버리는 것이 좋다.)

이 때 물은 생수나 정수기를 통과한 유해물이 없는 것을 사용한다. ④번 제법에서 "녹은 감"이란 키틴 키토산 입자가 보이지 않는 상태이다. 완성된 키틴·키토산 수용액을 밀폐한 용기에 넣어 서늘한 곳에 보관하면 약 3개월정도는 보존이 가능하다. 공기에 접촉하면 먼지등이 흡입되기 쉬우므로 보존 기간을 약 10일가량 단축한다. 변질된 감이 있으면 서슴치 말고 버린다. 젖산이나 구연산은 약국에서 구입할 수 있다.

♠ 키토산 수용액을 사용할 때

키토산 수용액은 약산성이므로 아토피성 피부염, 땀띠, 거치른 피부등에 성과가 있다. 이때 키토산 뿐만이 아니라 영양공급과 휴양도 필요하다. 키토산이 갖고 있는, 대사를 촉진하는 성과가 피부 세포에 작용하기 때문에 회복이 빠르다. 키토산 수용액은 무해하지만 피부 상태를 보면서 이상이 있으면 중지한다.(키토산 수용액을 사용하였을 때, 아직까지는 호전반응이나 알레르기 보고는 없다)

피부는 10인 10색으로 개인차가 크다. 그외 마음과 몸의 상태가 반영되고, 매일 시시각각 변화한다. 성과가 바로 나타나지 않더라도 약 3개월 이상 꾸준히 한다. 피부가 좋아지면 즉시 중지하지 말고 얼마간 계속 사용하는 것이 좋다.

♠ 피부 이상(상처, 자극, 건부피부, 아토피성 피부염)에 키토산 수용액을 1일 수회 반복 바른다. 화장품 사용시와 같이 손에 받아서 고루고루 펴바르고 자연 건조시킨다. 타 제재와는 일절 혼합치 말고 키토산 수용액만 도포한다.

전신이 아토피성 피부염 일때는 내복과 동시에 목욕탕에 키토산을 혼합하여 사용하면 더욱 부드럽고 윤기있는 피부로 변화한다.(열탕에도 키토산은 변화 없다.)

땀띠는 땀이 나기 쉬운 둔부(엉덩이), 팔굽 안, 겨드

랑, 무릎 뒤쪽(접히는 곳) 등에서 많이 나므로 키토산 수용액을 가볍게 바르면 좋다. 습진에도 몇번씩 반복하여 건조할 때까지 바르면 좋다.

여드름은 물로 깨끗이 세면하고 마른 타올로 건조시킨 후, 화장수 처럼 가볍게 발라주면 며칠 후 깨끗해진다. 이때 식이요법으로 육식을 절제하고 채식쪽을 병행하면 더욱 효과적이다. (키토산 복용은 더욱 좋다.)

♠ 화장수 대신 키토산 수용액으로

키토산 수용액을 화장수 대신 사용할 때 "화장이 잘 받는다." "기미 주근깨가 줄어 들었다."라는 것은 키토산의 세포활성 작용으로 새로운 세포를 만들어 내기 때문이다. (세포 증식 작용)

키토산 수용액을 화장수 대신 사용하여 효과를 보기까지는 약 2—6개월 걸리는 사람도 있다.

♠ 키토산 수용액은 머리(헤어 케어)에도 좋다.

키토산 수용액은 탈모방지 및 모발(毛髮)에 윤택을 주고 백발을 없애주는 작용도 한다. 모발 뿐만 아니라 비듬까지도 감소한다.

♠ 무좀에도 키토산 수용액을

무좀용 키토산 수용액은 세수대야 같은 큰 용기에 넣

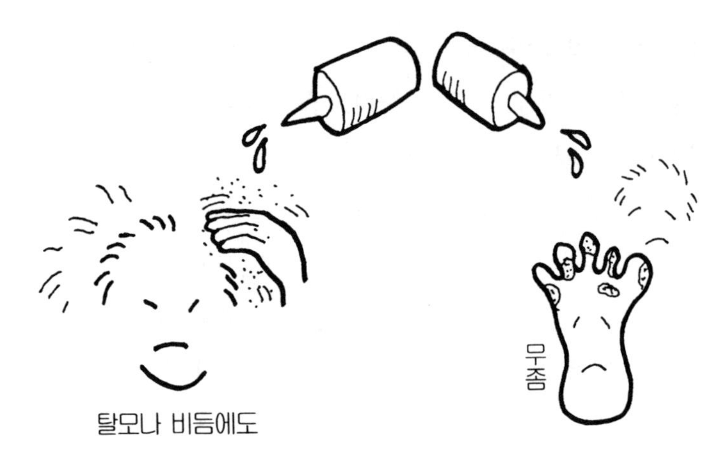

키토산 수용액은 탈모나 비듬, 가려움증, 각종 무좀에도 효과가 있다.

고 발, 손 등의 맛사지를 한다. 무좀균은 좀채로 죽지 않으므로, 끈기 있게 약 3개월간 지속해야 효과를 볼 수 있다. (재발 방지를 위하여) 키토산 수용액과 타제

※ 키토산수용액 사용시 주의점
키토산 수용액과 다른 화장품과는 절대로 혼합 사용치 말것이다. 키토산수용액 제조시 농도를 넘거나 짙게 하기보다 희박수용액을 자주 사용하는 것이 좋다.

품, 즉 다른 화장품과는 혼합 사용을 금하는 것이 좋다.

키토산의 농도를 증가하면 더욱 좋은 것 같으나 이 증가량 만큼、젖산(용해용)이 과량 첨가되어 피부가 가려워지는 악영행을 받게됨으로 농도의 증가보다 키토산 수용액의 사용 빈도를 높여 자주 바르는 것이 좋다.

제 8 장

키토산과 명현(호전반응) 반응

1. 키토산에는 부작용이 없는가

키토산을 음용하면 무엇인가 변화가 나타난다. 처음 복용하는 사람들은 키틴 키토산의 명현(호전)반응에 대하여 들어보지도 알지도 못할 것이다. 명현(호전)반응은 새로운 자극에 대하여 신체가 반응할 때 나타나는 현상으로 신체가 순응할 때까지 일시적으로 일어나는 증상이다.

졸음이 온다. 맥이 풀린다. 습진이 생긴다. 눈이 붉게되며 부어오른다. 설사 또는 변비가 생긴다 등등… 이것이 바로 명현(호전)반응이다. 이 반응은 앞에서 말한 바와같이 단순한 신체의 적응반응이므로 각 개인의 체질에 따라 즉시 나타나든지 역으로 2-3주후에 나타나는 수가 있다. 특히 복통, 구토 증상등이 나타나면 증상이 악화되는 것 같아서 불안할 수도 있다. 역시 이

키틴 · 키토산의 호전반응(명현반응)은 각 개인차가 많음으로 소량씩 증량하여 사용하는 것이 좋다. 단 명현반응은 부작용은 아니다(약 25% 정도 발생 없음). 서양 의약에는 명현반응이 없다.

것도 일시적 반응이다. 그렇다고 반드시 모든 사람에게 나타나는 것은 아니다.

① 키토산 복용량이 적을 때보다도 다량 복용시 나타나는 사람도 있다.

② 10 대, 70 대는 비교적 적게 나타난다.

③ 체조절이 남은 사람, 질병이 있는 사람, 피로가 축적된 사람, 불규칙한 식생활을 하는 사람들은 반응이 나타나기 쉽다.

④ 검사 수치상 별 변화없다고 하는 내장기계 질병을 갖고 있는 사람들이 질병 전에 첫단께 증상으로 나타나는 경향이 있다.

- 호전반응(명현)이 나타나지 않으면 성과(효과)가 없는가?

  －그렇지 않다.

- 호전반응은 어떻게 나타나는가?

  －개인차가 있음으로 처음엔 소량부터 조금씩 증가하여 복용하는 것이 좋다.

- 복용자의 약 25%정도는 호전 반응이 나타나지 않는다.

  －좋지 못하였던 곳에 일시적으로 나타나는 반응이므로 신체 자연 방어력이 큰 사람은 나타나지 않을 수도 있다.

2. 명현(호전)반응에 지식이 있으면 안심하고 복용할 수 있다.

명현(호전)반응을 잘 알지 못하고 복용하면, 약간의

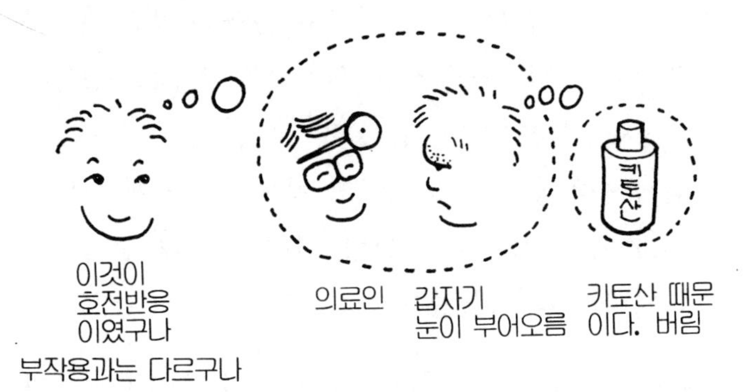

키틴 · 키토산에 대한 호전(명현)반응의 지식이 있으면 안심하고 복용할 수 있다.
※ 부작용과는 전혀 다르다.

오해나 다소 당황스런 상황이 발생할 수 있다.

♠ 반응(명현, 호전)의 발현

① 눈이 충혈하는 수도 있다.(일반적으로 혈압이 높은 중년 남성이나 간장 장애를 가진 사람에게서 많이 발생한다.)

② 설사를 했다.(위장이 약한 사람에게서 많다.)

③ 변비가 생겼다.(장내 세균의 작용이 약한 사람 즉, 비피더스균의 활성이 낮은 사람)

④ 열이 났다.(질병을 앓고 있는 사람이나 신경 장애가 있는 사람)

⑤ 몹시 맥이 떨어지며 몸이 무겁고 졸음이 오는데 하루종일 계속되는 때도 있다.

⑥ 습진이 생겼다.(간이나 내장 관계가 약한 사람,

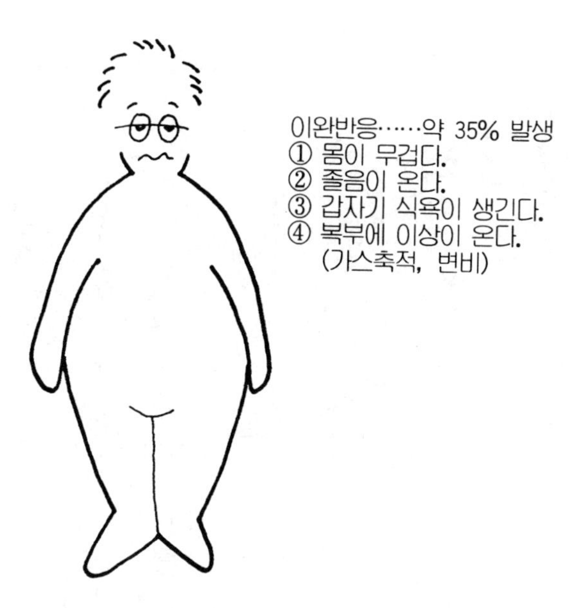

키틴・키토산 복용으로 몇가지 반응이 온다. 갑자기 원기가 생긴다. 식욕증진, 졸음, 몸이 몹시 무겁거나 약간 무거울 때가 있다. 일시적으로 몸균형이 잘 맞지 않은 상태가 있다.

부인병을 가진 사람에 많다.)

앞에 논한 호전 반응의 지식이 없는 사람은 전술한 6가지 증상중 하나만 나타나도 다음 두가지 행동을 취할 때가 많다.

① 그 하나는「키틴 키토산을 먹었더니 이렇게 되었다」하면서 복용을 중지하는 예이다.
② 명현(호전)반응이 나타나면 놀라서 바로 병원에 가서 진찰을 받은 예이다.

병원에 가면 무엇인가의 병명 하에 약을 투여하면 깜

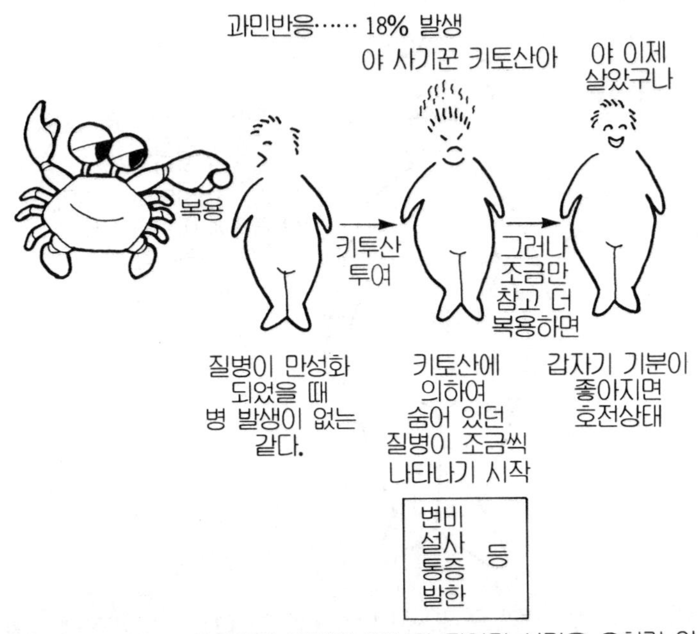

키틴 · 키토산으로 목욕하면 질병이 만성화 되었던 사람은 오히려 악화되는 현상같이 과민반응이 나온다. 그러나 소량식 반복하면 언젠가 갑자기 좋아진다(호전).

쪽같이 반응(호전, 명현)이 사라지고 만다. 이런 사람도 어떤 기회에 명현(호전)반응의 상식을 알게 되면 「과연 그것이 소문의 호전반응이였구나」라고 이해하게 되고 「괜히 고통스러워 했구나」라고 생각하게 된다. 키틴 키토산의 복용을 중지하였던 사람도 이 정보에 접학되면 「과연 그랬었구나」하고 납듭하여 키토산의 복용을 재개하는 사람이 많다.

♠ 부작용과 명현(호전)반응과는 어떻게 다른가

키토산을 보통양으로 복용한 경우, 현재까지는 세계적으로 부작용의 보고는 없으므로 걱정할 필요가 없다는 것이 확인되었다. 의약품을 상습복용할 때의 부작용은 잘 알려져 있다. 한 예로써 스트렙토마이신에 의한 난청(귀가 안들림), 페니실린 쇼크 장애, 항암제에 의한 탈모, 백혈구 감소등은 몸의 상태가 악화될 때 일어나는 현상이다. 키틴·키토산의 명현(호전)반응은 나타나서 빠르면 약 4-5일 길면 2달이내에 사라지고 만다. 때로는 반응이 계속되어 고통스러운 사람도 있다. 그러나 그후 몸이 대단히 쾌적하게 되었다고 한다. 반응이 계속되어 부담스러워 질때면 의약사의 도움을 받는 것도 좋다.(일시적이므로) 호전반응에 대하여 얼마나 어떻게 복용하면 어떤반응(호전, 명현)이 나타나는

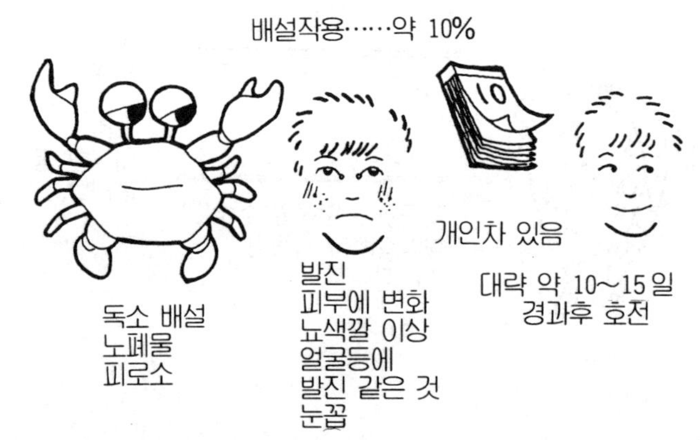

키틴·키토산으로 목욕하면 숨어 있던 노폐물, 피로소 등이 배설되면서 피부가 변화하고 눈꼽이 끼고, 뇨색깔이 다르며 발진이 생긴다. 여드름처럼 나오는 수도 있다. 그러나 약 10~15일(빠르면 일주일) 후면 갑자기 좋아진다.

가 하고 문의하는 사람도 있으나 일률적으로 답변하기가 어렵다. 왜? 키토산의 성과(효과)는 「복용후 4일만에 어려서부터 갖고 있는 변비가 해소되었다」「복용후 약 3개월후에 변비가 해소되었다」「약 3개월 복용하여도 큰 성과 없었다」 등의 개인차가 있는 만큼 호전(명현) 반응에도 큰 개인차가 있기 때문이다. 바로 반응이 나타나는 사람, 나타나지 않는 사람, 계속적으로 나타나는 사람, 가벼운 사람, 격렬히 나타나는 사람등 10인 10색이라고 하는 쪽이 좋을 것이다.

♠ 명현(호전)반응에는 어떤 것이 있는가?

단적으로 반드시 이렇다 라고 할 수는 없으나 호전

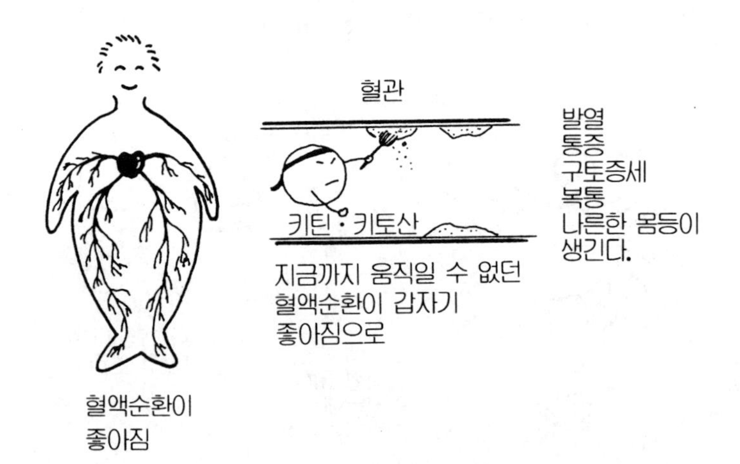

키틴 · 키토산으로 혈액순환이 급격히 좋아짐으로 혈관이 깨끗해지며 발열, 두통, 매스꺼움, 몸이 나른함 등의 증세가 나타날 수 있으나 며칠 후 서서히 자기도 모르게 없어진다.

반응을 크게 나누면 다음 4가지 정도로 구별, 설명할 수 있다.

① 이완반응(늘어짐)

이 명현반응은 약 35% 정도의 사람에 나타난다. 현재 병적 상태에 있는 장기가 본래 기능을 회복하기 시작하면 다른 장기는 그 병적 상태에 맞추어서 활동하고 있음으로 일시적으로 각 기관은 균형이 맞지 않게되고, 이럴때 많이 나타나는 증상이다.

그 형태를 보면

㉠ 나른하다. (몸이)

㉡ 졸린다.

㉢ 권태감이 온다.

등이 발생한다. 이 상태는 다소 시간이 흐르면 안정된다. (회복) 원상태로 복원될 때 걸리는 시간은 일반적으로 4-5일부터 일주일 정도이지만 개인차가 있는 만큼 계속적으로 반응이 나타나는 사람도 있다.

② 과민반응

질병이 급성 증상에서 만성화되어 약간 치유되는 듯이 보이는 안정상태에 있을 때, 키틴 키토산을 투여하여 인체 면역체에 강력한 원조가 가해지면서 일시적으로 급성상태로 되돌아올 때의 반응을 말한다. 약 18%의 사람에게서 나타난다. 이 때 반응은

호전반응이 생겼을 때 대책은

① 키틴 · 키토산의 양을 줄인다.
② 그래도 심하면 며칠 중지한다.
③ 다음 좋아지면 소량씩 다시 복용량을 증가한다.
④ 호전반응이 나오는 장소에 따라 그 부근 장기에 이상이 있을 수가 많음으로 그곳 장기 치료나 진찰을 받는 것이 좋다.
⑤ 키틴 · 키토산의 명현반응은 10인 10색임으로 자기 체질에 알맞게 복용하는 것이 좋다.

키틴 · 키토산의 호전(명현)반응은 10인 10색임으로 일률적으로 복용하는 것보다 자기 체질에 알맞게 조절 복용하는 것이 좋다.

㉠ 변비

㉡ 통증

㉢ 설사

㉣ 부종(부어옴)

㉤ 발한(땀)

등으로 나타나지만 역시 이때도 2－3일 또는 4－5일 만에 원상태로 돌아온다. 간혹 계속적으로 오는 사람도 있다. 심한 변비가 나타나는 사람도 있다. 이때는 키틴 키토산의 복용을 일시 중지 하든지 약국에서 변비약(하제)을 구입 복용하면 해결된다. 그래도 변비가 심할 때는 여러가지(3종 이상) 변비약을 혼합복용하면 좋은 결과를 볼 수 있다.

③ 배설작용

약 10%정도의 사람한테서 이 반응을 볼 수 있다. 신체에 해독작용이 나타나서 체네 노폐물, 독소, 피로소 등을 분해 배설할 때 나타나는 반응이다. 담, 뇨(소변), 피부등에 반응이 나타난다. 좀더 자세히 말하면

㉠ 불순물이 나온다
㉡ 발진한다
㉢ 피부에 변화가 나타난다
㉣ 눈에 눈곱이 나온다
㉤ 뇨(소변)의 색깔에 변화가 일어난다.

이때 배꼽 주의에 습진이 나와 가려워서 곤란할 때도 있다. 이때는 키틴 키토산을 잠시 중지하였다가(약 일주일 가량) 다시 소량씩 복용을 시작하면 좋다. 어떤 사람은 복용 시작때 부터 변비가 좋아지며 식욕이 왕성한 사람도 있다. 술을 마시기 전에 1000 mg(1 g) 정도 복용하면 숙취가 없어진다.

④ 명현(호전) 회복반응

혈액 순환이 나빴던 곳이 개선되는 과정에서 응혈된 혈액이 오염되어, 일시적으로 체내를 순환할 때 나타나는 반응으로

㉠ 발열한다
㉡ 통증이 난다
㉢ 구토증상이 생긴다

㉣ 복통이 생긴다

㉤ 몸이 아주 뜨겁다

등의 상태가 발생한다. 이때 나타나는 증세는 구질구질하게 나타나는 것 보다 대부분이 갑자기 나타난다. 3-4일만에 급격히 소실되는 경향이 많다.

① 키틴·키토산은 어디나 같은지?
어느 것이 효과가 있을까?
어디서 구입하나?
② 키토산으로 표시하였서도 동일한 것은 아니다.
③ 판매방법도 차가 있다.
④ 경험적으로 자신이 선택하는 것도 나쁘지 않다.

키틴·키토산은 각 회사마다 차이가 있으니 진실한 제품과 자기몸에 적당한 것을 선택하는 것이 좋다.

3. 명현(호전)반응이 나타났을 때의 처리법

♠ 호전 반응이 나타나면 어떻게 하는가?

명현(호전)반응이 나타나서 견디기 힘들 때는 일시 중지하거나 감량하는 것이 좋다. 또한 키토산 가공방법에 따라서도 조금의 차이가 있어, 분말은 맞지 않는데 액체가 맞는 사람도 있다.

키틴 키토산의 양과 깊은 관계가 있으니 나름대로(각자) 자기량을 조절하여 복용 증량하는 것이 좋다.

♠ 호전반응이 걱정스러울 때의 복용방법

호전반응이란 신체가 순응(받어줌)할 때까지의 일시적 현상이다. 또한 호전반응 후에 우리몸은 급격히 호전되는 경향이 있으므로 오히려 반가운 증상이라 할 수 있다. 그럼에도 불구하고 명현반응이 걱정될 때는 키토산을 갑자기 다량 복용치 말고 소량으로부터 시작하면 몸이 키틴 키토산에 차음 익숙하게 되어 완만히 지나칠 수 있다. 처음 일주일은 하루 0.25 g(250 mg) 정도로 시작하여 차차 몸에 변화정도를 관찰하면서 서서히 증량(0.5 g : 500 mg)하는 것이 좋다. 키토산은 인체에 민감하게 작용하기 때문에 이와 같은 방법으로 복용하여도 중량 직후 호전 반응이 심하게 나타나는 사람도 있지만 걱정할 것은 없다.

♠호전반응이 나타나는 곳으로보아 신체의 취약부분을 대략 알 수 있다.

호전반응이 어느 부위에 어떻게 나타나는가를 보면 몸의 어느부분이 좋지 못한가를 알 수 있다. 아직 임상 통계수가 부족하기 때문에 반드시 맞다고 할 수는 없으나 대략은 추측할 수 있다. 「호전반응에 의하여 사람의 질병을 알 수 있다」라는 보고는 「키틴 키토산은 왜 성인병에 좋은가」라는 보고서에 발표하였다.

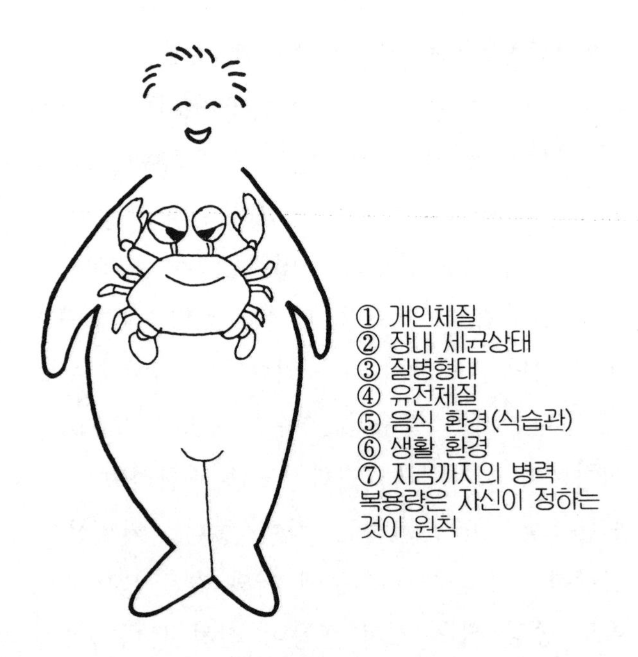

키틴 · 키토산은 건강식품임으로 자기 자신이 복용량을 정하는 것이 좋다. (여러가지 개인조건차가 있으므로)

♠ 호전반응은 왜 좋은가?

건강식품(특히 가능성 식품)의 종류에 따라 명현반응이 나타나는 것은 차이가 있다. 다시 말하면 좀 가볍게 나타나는 건강 식품은 식효가 적든지 개인차가 있든지 하며, 식효가 좀더 강한 건강 식품은 양이 적어도 강하게 나타날 수도 있다. 물론 개인차에 달렸지만(특히 알레르기 체질인 사람) 이때도 키틴 키토산의 양을 가감하여 조절하면 좋은 결과를 볼 수 있다.

지금까지 명현반응에 대하여 좀더 상세히 기록하였으나 아직도 연구할 요지가 많이 남아있다. 키틴·키토산의 복용체험 사례가 더 많이 모여 정보 교환으로 많은 사람들에게 혜택을 줄것을 바란다. 또한 키틴 키토산의 연구(임상 연구)의 진행에 따라 호전반응 연구에 좀더 많은 업적이 세계 각 연구가들에 의하여 나올 것이다.

♠ 키틴 키토산의 안전성

㉠ 급성 독성 시험

경구, 피하, 복강내 투여 동물시험에서 극히 독성이 낮음을 확인

㉡ 아급성 독성시험

생리 식염수(0.9% 식염) 3개월 투여와 비교실험, 비교병리에도 병리학적으로 이상 없음

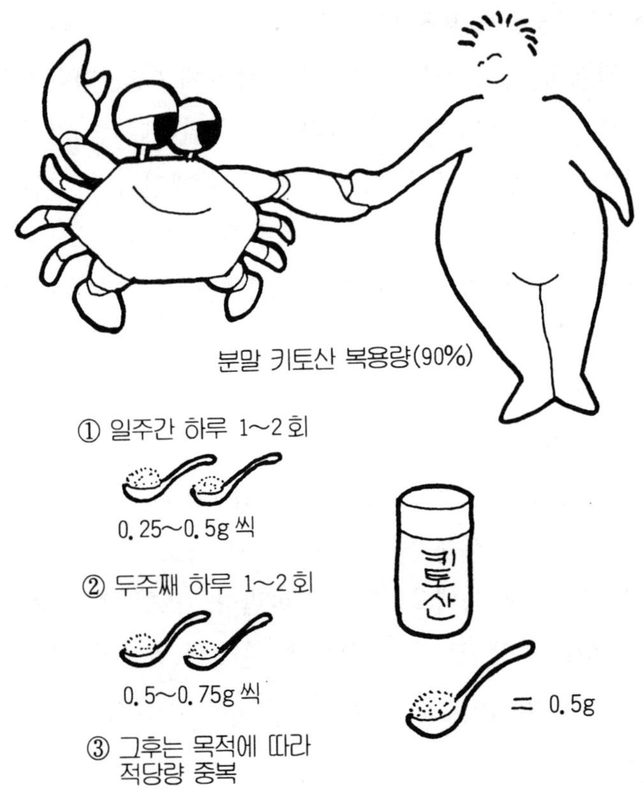

㉢ 변이원성 시험(기형아, 발암성)

AMES 시험, REC ASSAY 시험등 각 시험에서 용이 변이원성(인정) 합격(없음)

㉣ 피부 제 1 차 자극시험

경피(피부 통해), DRAIZE 법, 2일간 도포에서도 무자극으로 안전

① 대장 비피더스균 증량을 위해 유산균 재재등을 올리고당과 같이 복용하는 것이 좋다. (유산균 재재등)
② 다른 건강식품과 병용하는 것도 무방하다.
③ 위가 좋지 못하면 식후가 더 좋다. 어떠한 음식과 복용하여도 좋다.
④ 야채에는 키티나제 효소가 많으므로 키틴·키토산을 복용하였으면 야채를 많이 먹는 것이 더욱 좋다.
⑤ 키틴·키토산은 다량채임으로 약물상호작용은 없다.

㉤ 경피 누적 자극성(유적자극)

경피(피부를 통하여)DRAIZE 법, 5주간 연속 무자극으로 안전

㉥ 광독성 시험(빛)

경피(피부 통하여) 시험에서 광독성 인정할 수 없음

㉦ 경피 감작(예민) 시험

경피, MAXIMIZATION 법, 감성 없음

㉧ 안(눈)점막 일차 시험

경피, DRAIZE 법, 거의 무자극, 각막, 홍채, 안저에도 이상 없음

ⓩ 광감작성 시험(예민 반응)
경피 시험, 광감작에서 없음

⓪ 사람 팻치(점료) 시험
48시간 교차 점포(부침, 시험, 거의 무자극)

ⓚ 경피 흡수 시험
도포(바른) 후, 혈, 뇨증, 이행농도 측정, 경피 흡수 없음

※위 실험은 1986년 후래그 렌즈 잡지 VOL 78에서 발췌

제 9 장

키틴 · 키토산과 활성 산소 및 SOD

1. 활성 산소가 많으면 유해산소가 된다.

옛부터 어떤 병의 치료에나 산소가 절대 필요해서 고압 산소 장치가 된 탱크로 환자에게 수시간 동안 산소를 공급하는 치료법을 사용하고 있다. 그러나 이 산소에 의한 치료가 과다할 경우에는 반대로 역효과가 나타난다는 사실을 많은 생화학 전문가와 임상의(臨床醫)들을 통하여 알게 되었다.

그러면 활성 산소란 어떤 것인가? 그리고 그 역할은 무엇인가를 알아 보기로 하자. 활성 산소는 원래 사람을 비롯하여 동물과 식물들의 체내에서 세균·곰팡이·바이러스·암세포 등의 이물질이 체내에 침입하면 이것들과 결합하여 함께 사멸함으로써 우리들의 몸을 지켜주는 병리학적 응원군에 해당하는 화학적 물질이다.

그러나 이들 화학적 물질(활성 산소)이 별다른 신체의 이상도 없는 상태에서 체내에 증가하면 반대로 자기의 정상적인 세포 조직은 물론 면역체와 효소·이물질들을 저돌적으로 공격하는 양면성을 가진 물질임이 확인 되었다.

오랜 세월 동안 미처 규명되지 못한 활성 산소의 체내에서의 그와 같은 또 다른 악역의 정체는 근래에 와서 점차 그 원인이 판명되기 시작했으며, 그래서 더욱 그것이 우리 인간의 건강의 열쇠를 쥐고 있는 물질임을 확인하게 되었다. 산소 농도가 높은 공기와 산소의 압력이 높은 공기 및 방사선 등에 폭로되면 해로운 활성 산소가 체내에서 다량으로 생성됨을 알게 된 것이다.

앞에서 약간 언급한 바와 같이 활성 산소는 이름 그대로 반응성이 매우 강한 분자로서, 이것이 체내에 다량 생성되면 여러 가지의 악영향을 준다. 즉, 활성 산소는 세포막과 세포 안에 들어 있는 유전자(DNA)나 식물의 세포내 대사에 관여하는 각종 효소 등에 상처를 주는데, 이것이야 말로 생명 활동에 치명적인 상처가 되고 노화(老化)의 직접적인 원인이 된다. 즉 인간의 노화는 주로 활성 산소에 의하여 세포가 상처를 받음으로써 일어난다는 사실이 근래에 밝혀졌다. 그런 의미에서 사람들은 활성 산소를 산소독(酸素毒)이라고도 부른다.

인체 내에 활성 산소가 발생하는 원인과 그 과정은 여러 가지가 있다. 일반적으로 산소의 존재는 사람을 비롯하여 모든 생물의 조직 세포가 호흡과 함께 신진 대사를 할 때 절대 없어서는 안될 물질로 알려져 있다. 호흡에 의하여 섭취된 산소는 체내의 여러 가지 영양소를 연소하여 힘(에너지)을 얻는데, 산소는 이 과정에서 미묘하게 변화되어 간다.

산소(O_2)는 최종 단계에서 수소(H_2)분자와 결합하여 물(H_2O)이 되지만, 그 도중에 생성되는 문제의 산소를 활성 산소라고 한다. 활성 산소에는〔O_2^-, H_2O_2, OH·$^1O_2$〕등의 4 종류가 있다.

우선 산소(O_2)에 의하여 초활성 산소 아니온기(O_2^-)가 만들어 지고, 다음에 활성 산소 아니온기(O_2^-)에 의하여 과산화 수소(H_2O_2)로 변화하며, 변화한 과산화 수소(H_2O_2)로부터 수산기(OH·)와 일중항 산소(一重項酸素 : $^1O_2$)가 만들어진다.

$$O_2 \xrightarrow{+e} O_2^- \xrightarrow{+e} H_2O_2 \begin{cases} OH \\ ^1O_2 \end{cases}$$

이때 4 종의 활성 산소 중 가장 강력하고 반응이 풍부한 것은 OH·(수산기)와 $^1O_2$(일중항산소)라고 한다. 좀더 이해를 돕기 위하여 그림으로 표시해 보면 다음과 같다.

이제 우리가 호흡하는 과정에서 생성되는 활성 산소는 4종이 있다는 것을 알게 되었다.

그림 중에서 e^-(Electron：電子)는 전자를 표시한 것이다. 산소 분자는 원자핵과 그 주위를 돌고 있는 전자로 구성된 몇 개의 원자로부터 만들어졌다. 분자(원자가 모여서 이루어짐)가 안정한 상태일 때는 항상 두 쌍의 전자가 핵을 중심으로 그 주위를 각자 정해진 궤도(軌道)로 돌고 있다.

어떤 이유(전극)에서 궤도의 전자 중 하나가 궤도로부터 이탈할 때가 있다. 그렇게 되면 산소 분자는 불안정하게 되어 가까운 궤도 위의 전자를 잡아 당기거나 반대로 자기 전자를 다른 분자에 주거나 하여 짝을 이룸으로써 안정하려고 한다. 즉, 분자의 활성이 높아지는 것인데, 활성이 높아진 분자는 제 멋대로 움직이기 때문에 이를 '자유기'라고 부른다. 이름과 같이 자유롭고 과격한 분자인 것이다.

과산화 수소(H_2O_2)는 '자유기'가 아니지만, 똑같이 과격한 반응을 가진 활성산소의 하나로서, 시판되고 있는 '옥시풀'이란 이름으로 알려진 소독약(과산화 수소액)의 하나이다.

그리고, 일중항산소($^1O_2$)라는 묘한 이름을 가진 산소가 있다. 이것도 '자유기'는 아니지만 과산화수소(H_2

O_2)와 같이 격렬한 반응성을 가진 활성 산소의 하나이다. 이 일중항산소($^1O_2$)는 산소(O_2)가 분자 광선(자외선)을 받으면 형성되는 경우가 많다.

이들 활성 산소의 종류를 다시 한번 정리하면 다음과 같다.

- 〔$\cdot O_2^-$〕= Super Oxide Anion Radical(초활성 산소 아니온기)자유기
- 〔$\cdot OH$〕= Hydoryl radical(수산기) 자유기
- 〔$\cdot H_2O_2^-$〕= Hydrogen Peroxide(과산화수소) 비자유기
- 〔$^1O_2$〕= singlet oxygen(일중항산소) 비자유기

이상 4가지를 보통 활성 산소라고 부르고 있으나, 좀 더 광범위하게 해석하면 많은 활성 산소가 더 있는데, 우리들 생활과 가장 가까운 것들을 소개하면 다음과 같다.

- 〔NO〕(일산화 질소) 자유기
- 〔NO_2〕(이산화 질소) 자유기
- 〔O_3〕(오존)
- 〔LOO〕(과산화 지질)

일산화 질소(NO), 이산화 질소(NO_2) 즉, NO_x라고 불리우는 것으로 공장의 매연이나 자동차의 배기 가스 중에 들어 있다. 양자가 같이 자유기(활성산소)로 특히

일산화 질소(NO : 질소)는 담배 연기 중에 다량 함유되어 있는 것으로 알려지고 있다.

담배 연기는 궐련을 한대 피울 때 활성 산소(NO_x)가 10^{+14}개 정도나 있어서 폐암의 원인이 되는 것으로 보인다.

오존(O_3)과 과산화 지질은 자유기(활성산소 근원)를 가지고 있지 않으나, 다 같이 반응성이 풍부한 활성 산소이다. 과산화 지질은 인체의 세포막 등을 형성하고 있는 지질이 활성 산소에 의하여 과도하게 산화됨으로써 생긴다. 과산화 수소가 2차적으로 다시 만들어 낸 활성 산소라는 것이지만, 이것이 한번 만들어지면 연쇄 반응적으로 지질은 과산화 지질로 변화해 가므로 역시 넓은 뜻에서의 활성 산소라고 부른다. 이것이 노화와 깊은 관계를 가지고 있는 물질이다.

전술한 바와 같이 산소를 이용하고 있는 한, 좋건 나쁘건 간에 우리는 부산물로서 활성 산소를 체내에 발생시키고 있다. 그 양은 호흡과 더불어 소비하는 산소의 약 2% 이상으로 활성 산소의 발생율이 상승한다. 이와 같은 과정을 거쳐 체내에 활성 산소가 절대량으로 증가하면 우리 몸은 '만병의 근원'이 된다. 활성 산소가 형성되는 것은 보통 호흡할 때의 산소의 소비량에 의해서 생기는 것이 아니다. 한 예로서 체내에 침입한 병균을 공격하기 위하여 백혈구가 모여들어 활성 산소를 방출하는 것으로 알려졌다. 이때 방출되는 활성 산소는 좋은 일을 한다. 그러나 체내에 백혈구가 많이 소비되는 질병이 발생하면 동시에 활성 산소도 절대량(2%)보다 다량 형성되어 필요 이상의 활성 산소가 전신의 각부분에 악 영향을 줌으로써 여러가지 증상이 동시 다발적으로 나타난다. 그 전형적인 예가 '류마치스'라는 병이다.

이것은 전신의 관절에 염증을 일으켜 조직을 파괴하는 질병으로서, 오랜 세월을 원인 불명의 병으로 알려져 왔다. 그러나 백혈구가 필요 이상의 활성 산소를 만들어 관절강(關節腔)중의 정상적인 성분을 파괴시킨다는 것이 최근의 연구로 명백하게 밝혀졌다. 활성 산소가 주로 일으키는 질병 몇가지는 다음과 같다.

첫째 : 노화(老化)현상, 발암(發癌) 및 방사선 장애, 스트레스로 인한 위·십이지장 궤양, 당뇨병·화상·동맥경화·류마치스·백내장·아토피성(Atopy-성)피부염, 간질·뇌졸중·심근경색증, 농약 중독 등이 그것이다.

그 밖에도 심지어는 기미·주근깨 까지의 수많은 질병들이 활성 산소가 과다히 생성되면 유해 요인으로 작용하여 발생한다는 것이 증명되었다. 또한 현대의 많은 불명확한 기이한 질병들도 유해한 활성 산소에 의한다는 것이 명확하게 규명되고 있다.

이들 질병의 대중 요법으로는 유해한 활성 산소를 제거하는 치료를 하면 증상이 경감되어 치유가 가능하다는 것이 임상 치료를 통하여 증명되었다. 예로서 공해병의 일종인 카와사키(川崎)병을 비롯하여 면역 체계가 무너지는 풍토병인 베제트씨병 및 쿠론병 등이 그것이다. 이들은 모두가 유해한 활성 산소에 의하여 발생하는 것으로 밝혀졌다.

또한 모든 암(癌)의 발생에도 활성 유해 산소가 관여하고 있는 것으로 규명되었다. 암은 형태가 다양하고 발생되는 요인도 여러가지여서 어떤 공통 원인에 의해서 발생한다는 이론은 쉽사리 대두되지 않았던 것이 사실이지만, 암이 발생하는 데는 반드시 공통적으로 유해한 활성 산소가 관여하고 있다는 사실이 암 연구 전문가들에 의하여 밝혀진 것이다.

얼마 전까지만 해도 '감기는 만병의 근원'이 된다고 하였다. 그러나 지금은 '과다한 활성 산소가 만병의 근원'이라는 것이 의학 및 약학계 최전선의 공통된 인식이 되었다.

그러면 좀더 자세한 예를 들어 보자. 과연 과다한 활성 산소에 의하면 성인병과 암(癌) 및 노화가 발생하는가를!

인간은 분자의 집합체이다. 그 대부분은 60조개의 세포로 조직되었다. 그리고 그 세포들 중에는 핵산이라고 불리는 DNA·RNA 및 기타 세포 소기관이 분포되어 저마다 각기 역할을 분담하고 있다. DNA(유전자)는 46개의 염색체에 의하여 구성되어 있으며, 1991년 말까지 약 50개의 암 유전자와 이를 억제하고 방어해 주는 유전자가 7개 있다는 것이 노벨상 수상 학자들에 의하여 발표되었다.

활성 산소와 과산화 지질

활성 산소 + 지질 —— 과산화 지질

혈류중 (콜레스테롤 / 중성 지방)

식사 (불포화 지방산)

세포작용 / 물질	강 도	작용 시간	작용 부위
활성 산소	대단히 강하다	짧다(순간적)	세포 표면에
과산화 지질	약간 강하다	길 다	세포내로 침투한다

다음 표를 보면 어떤 원인(유해 산소 및 외부의 자극)으로 인하여 암을 억제하는 유전자(외피 7까지) 사슬이 벗겨지고, 다시 어떤 원인으로 인하여 암 발생 유전자가 자극을 받았을 때 무서운 암이 발생한다는 것을 알게 되었다. 많은 성인병이라든가 노화도 불포화 지방산으로 구성된 세포막이나, 또는 세포 속의 작은 기관의 막이 활성 산소에 의하여 산화 됨으로써 과산화 지질로 변성됨에 따라 발생한다.

2. 활성 산소의 발생과 스트레스

사람을 비롯하여 모든 동물은 호흡하고 있는 한 활성 산소의 발생을 면할 수가 없다. 그러나 긴 안목으로 보면 노화를 촉진한다는 사실이 지금 당장 어떤 질병을 일으키는 것은 아니다.

그만한 정도의 활성 산소는 생체의 자율 신경에 의하여 움직여지는 방어 기제(防禦機制)가 움직여서 그때 그때 처리하고 있기 때문이다. 그러나 다음과 같은 스트레스를 과도하게 받으면 보통 때의 방어 기제에 의한 유해 산소 처리 능력으로는 감당할 수 없을 정도로 대량 발생하므로 여러가지 장애 요인으로 인하여 질병을 일으킬 가능성이 높아진다.

활성 산소는 다음과 같은 자극(스트레스)을 받았을 때 체내에 다량 발생한다.

① 화학적 자극을 받았을 때
② 물리적 자극을 받았을 때
③ 감염성 자극을 받았을 때
④ 정서적 자극을 받았을 때

등의 지나친 자극(스트레스)을 받으면 절대량(약 2%)을 초과하는 활성 산소가 증가 형성되어 건강에 장애를 주는 여러가지 질병으로 발전된다는 것이 명백하게 밝혀졌다. 체내의 활성 산소는 다음과 같은 경우에

정상 수준 이상으로 발생된다.

♠활성 산소가 정상 수준 이상 발생되는 경우

① 세포 내 미토콘드리아에서 에너지를 만들어 낼 때
② 백혈구 등의 식세포가 체내에 침입한 세균·곰팡이·바이러스·기생충, 또는 암세포 등을 살멸할 때
③ 신체 중의 어느 부분에 염증이 생겼을 때
④ 화를 냈을 때나 갑작스러운 쇼크를 받았을 때
⑤ 수술할 때나 혈액이 일시 차단되었다가 다시금 흐를 때
⑥ 심근경색 또는 뇌경색으로 인한 허혈(虛血)을 일으켰다가 그 후 혈류가 다시 흐를 때
⑦ 지나친 태양 광선을 받았을 때
⑧ 방사선의 조사(照射)를 지나치게 많이 받았을 때
⑨ 고압선·전기 모포·텔레비전·드라이어·토스터·전기 렌지·전기 면도기 등의 전자파를 지나치게 많이 받았을 때
⑩ 식품 첨가물을 지속적으로 섭취하였을 때
⑪ 식물성 기름 중의 오메가 $-\sigma(\omega-6)$짜리 불포화지방산이 다량 함유된 기름을 너무 많이 섭취하였을 때
⑫ 말린 생선, 훈제 식품, 인스턴트 라면, 땅콩 버터, 어묵 등을 너무 많이 먹었을 때

⑬ 수도물을 과다하게 오래도록 마셨을 때
⑭ 고농도의 산소 요법을 오랫동안 과다하게 받았을 때
⑮ 공해 가스와 담배 연기에 오래 접촉했을 때
⑯ 체내에 프로스타 글란딘 등의 홀몬이 합성 되었을 때—부산물로
⑰ 지나친 운동을 하였을 때—대사 과정에서
⑱ 제트기에 의한 고공 비행을 자주 했을 때—오존 과다로
⑲ 화학 약물을 투여하였을 때—간장 기능에 의한 대사시
⑳ 공포에 떨거나 흥분하여 스트레스를 받았을 때—아드레날린 과다

등의 경우이다. 활성 산소는 자나 깨나 우리 몸의 장기나 또는 조직등에 계속하여 위협을 가하고 있다. 따라서 그냥 방치해 두면 세포는 시시각각 파괴되므로 사람의 생명은 불과 수개월 안에 종말을 고할 수 밖에 없다. 그런데 우리는 왜 100년 이상의 수명을 유지할 수가 있을까?

지금 지구상에 생존하는 모든 생물들은 지구에서의 생존 조건인 산소에 의한 신진대사 활동으로 생명을 유지하고 있으며, 그와 같이 산소를 즐기는 모든 호기적 好氣的) 생물들은 체구의 크고 작음에 관계없이 체내에

서 과잉 생성되는 활성 산소를 포착 제거하여 자율적으로 균형을 유지해 주는 SOD라는 '효소' 물질을 지님으로써 지상에 살아 남는 적자(適者)로서 존재하는 것이다.

사람을 비롯하여 동식물의 체내에서는 활성 산소가 살균에 필요한 만큼 존재할 때는 좋지만, 과잉 생산되어 자기 몸에 넘칠만큼 지니게 되며 SOD와 카타라제 및 글루타치온 퍼옥시다제 등의 효소가 이들 과잉 생산된 활성 산소를 포착 제거하여 주는 역할을 담당한다. 이 효소들은 필요에 따라 각 세포에서 자체 생산하고 있다. 체내에는 이 효소들 외에도 효소의 역할을 대신하여 주는 물질들이 많이 존재하고 있다. 이 중에서 특히 SOD(Super Oxide Dismutase)라는 효소 물질은 과잉 생산된 활성 산소를 제거하는 데는 매우 중요한 효소이다. 우리 인체에는 활성 산소에 대한 다양한 방어 기제(防禦機制)가 장치돼 있는데, 이에 대하여 좀더 자세히 알도록 하자.

♠ 활성 산소에 대한 인체의 해독 방어 기구

(키틴 키토산은 어떠한 물질과 혼합하여도 길항작용이 없다)

사실 우리 인체는 정밀하고 교묘하게 구성되어 있어서 활성 산소에 대한 해독 방어 기구가 여러 경로로 구비되어 있다. 2중 3중의 방어망으로는 부족해서 7중

8중의 겹겹의 방어 태세를 갖추고 혹시라도 과잉 생산되는 불필요한 활성 산소가 있을 경우에는 즉시 포착하여 제거하는 물샐 틈 없는 경비를 펴고 있는 것이다.

이들 방어 물질의 일부를 항산화제라고 부르며, 잘 알려져 있는 것으로는 비타민 C와 비타민 E가 있다. 또한 호박 · 당근 · 감귤 등의 녹황색 야채에 들어있는 β-카로틴이란 물질도 활성 산소를 제거하는데 효력이 대단히 크다. β-카로틴은 비타민 A 2개가 결합된 물질로서, 비타민 A와 같은 일을 한다. 더욱이 오줌 속의 요산(尿酸)도 활성 산소를 포착 제거하는 일을 하기 때문에 관심의 대상이 되고 있다. 종래에는 요산이 불필요한 것으로 인식돼 있어서 이것이 체내에 축적되면 통풍(痛風)이란 질병의 원인이 된다고 하여 소홀히 취급되기도 했으나, 최근에 와서는 요산(尿酸)도 활성 산소를 제거하는 매우 중요한 역할을 한다는 사실이 증명됨으로써 주목을 끌게 될 것이다.

인간을 포함한 영장류를 비교 분석해 보면 각기 식생활의 습관에 따라서 요산의 함량이 저마다 모두 다른 것으로 나타나 있다. 즉, 하등 동물일수록 요산의 함유량이 적으며, 고등 동물일수록 다량 함유되었다는 것이 명확하게 밝혀진 것이다. 그 중에도 특히 사람이 가장 요산의 함유량이 많으며, 하등 영장류 중의 어떤 동물은 어느 정도 체내에서 비타민 C가 합성되는 것으로 알려져 있다. 즉, 하등 영장류는 요산이 없더라도 비타민 C가 활성 산소를 제거하여 주지만, 사람은 체내에서 전혀 비타민 C를 합성할 수 없으므로 그 분량만큼 활성 산소를 제거해 주지 않으면 곤란하기 때문에 요산을 함유하게되었다는 설도 있다. 이와 같이 진화 과정에서 사람은 비타민 C를 합성하는 능력을 상실한 대신 요산을 만듦으로써 활성 산소 제거 능력을 보충할 수 있게 되었다는 가설도 있지만, 이것은 아직 확정된 학설은 아니다.

앞에 서술한 바와 같이 비타민 C·E와 요산(尿酸) 등의 항산와 물질을 체내에 다량 보유한 동물일수록 활성 산소가 쌓이고 녹스는 것을 자율적으로 방어함으로써 장수하는 것으로 알려져 있다. 유해 산소를 제거하는 이들 항산화 물질들은 각기 그 역할을 다음과 같이 분담하는 것으로 알려져 있다. 비타민 E나 β-카로틴은 기름에 녹는 성질(脂溶性)이 있어서 지방 중에 존재하는 활성 산소와 반응하여 활성 산소의 작용을 억제한다.

또한 물층의 활성 산소는 비타민 C에 쉽게 녹는 성질(水溶性)이 있어서 오줌으로 배설되기 쉬우므로 다량을 섭취하여도 문제가 없는 것으로 알려져 있다. 그러나 비타민 E나 β-카로틴은 기름에 녹으므로 배설되기가 힘들며, 이것이 체내에 과잉 축적되면 오히려 해로운 작용을 할 염려가 있다.

이때 키틴 키토산을 혼용하면 해로운 작용이 감소되며 오히려 상승작용을 한다.

♠비타민 E는 노화 방지에 효험이 있는가?

미국의 양로원에서는 노화 방지에 효험이 있다 하여 보통 10배 이상의 비타민 E를 복용한 노인들이 오히려 수명이 단축되었다고 한다. 비타민 E는 체내에서 활성 산소를 제거할 때 그 자신(비타민 E)도 희생되지만, 비타민 C가 있으면 다시 비타민 E로 환원하여 재생되므로 안전한 비타민 C를 동시에 다량 섭취(비타민 C와 같이)하는 방법이 보다 현명한 일이다.

채소류 중 햇볕을 적게 받는 곳에서 자란 것들의 잎사귀나 열매는 그 색깔이 연한 녹색을 띠는데 반하여 일광량이 많은 곳에서 자란 것들은 전체적으로 짙은 녹색을 띠고 있다. 이것은 강한 가시 광선, 또는 자외선에 의하여 식물 체내에 다량의 활성 산소가 발생하여 장애를 주므로 자기 자신의 몸을 지키기 위하여 항산화물질(抗酸化物質 ; 주로 β-카로틴)을 다량 함유하고 있음을 나타내는 것이다. 그 대표적인 예가 호박과 당근 등에 많이 들어 있는 β-카로틴이다. 그러므로 β-카로틴은 활성 산소를 효과적으로 포착 제거하는 점이 주목을 받게 되어 건강 보조 식품과 암을 예방하는 식품으로서 각광을 받고 있다.

1992년 8월 미국 워싱턴시에서 미국 화학회가 주최한 '식물의 중요 성분에 의한 암 예방'을 주제로 한 국제 토론회에서는 체내에 β-카로틴 함량이 높은 사람이나 β-카로틴을 많이 보유한 인종일수록 암의 발생율이 낮다는 관련 연구 보고가 많이 발표되었다. 그리고 항산화 물질 외에도 활성 산소 제거 물질로 몇 가지의 효소가 아주 효과적인 것으로 알려져 있다.

전술한 바와 같이 카타라제와 글루타치온·퍼옥시타제·수퍼옥사이드 디스뮤타제 등이 알려져 있는데, 이 중 수퍼옥사이드 디스뮤타제(Super Oxide Dismutase; S.O.D)의 머릿 글자를 따라서 S.O.D라는 약칭으로 자주 나오므로 기억하여 두는 것이 좋다.

카타라제와 글루타치온 퍼옥시타제는 자유기(O_2^-, OH, ·$^1O_2$)에 속하지는 않는 과산화수소(H_2O_2)에만 작용한다. 일중항 산소($^1O_2$)라는 활성 산소의 제거에는 비타민 E와 뇨산, β-카로틴 등이 작용한다. 수퍼 옥사이드 아니온기(O_2^-)라고 불리는 활성 산소에 대해서는 비타민 C 및 E와 글루타치온 퍼옥시타제란 효소가 제거 역할을 담당하고 있다.

그리고 식물에게도 활성 산소로부터 자신을 지키는 방어 기제가 있다.

즉, 어떻게 해서 활성 산소의 해독에 대처하는가 하는 문제는 동물에만 국한된 문제가 아니고 모든 생물

(동식물)들에게 공통적으로 생명과 종자 유지에 관여하는 중요한 관심사인 것이다. 예를 들면 식물에 있어서 태양 광선은 탄소 동화 작용을 위하여 없어서는 안될 존재이다. 태양 광선을 받는 잎은 광합성을 하여 전분(녹말)등의 중요한 물질을 만들어 생명의 에너지(熱源)를 획득하고 있다. 태양 광선에는 자외선이 들어 있으므로 엽록소에서는 당연히 대량의 활성 산소가 발생하게 된다. 그런데 식물을 구성하고 있는 세포는 활성 산소에 약하므로 그 자체의 메커니즘만으로는 즉시 말라죽기가 십상이다. 여기에 키틴 키토산을 혼용하면 말라죽는 것을 방지할 수 있다. 그러나 식물들은 사람의 몸(人體)이상으로 항산화 물질을 만들어 내는 등 자기 방어에 항상 완벽하게 대처하고 있다.

활성 산소가 발생하는 빈도와 이에 대처하는 방어 기구와 생명력과의 관계에 대한 흥미 깊은 보고가 많다. 또한 이 점에 관해서는 식물에도 어느 정도 동물과 공통된 경향이 있음을 알 수 있다. 즉, 식물도 동물과 똑같이 나이가 들어 노화(老化)될수록 활성 산소를 더 많이 축적하고 있다. 식물의 잎사귀는 윗쪽으로 올라갈수록 젊고, 아래로 내려갈수록 늙은 부분이 나타난다. 따라서 식물은 병에 걸리지 않는 한 반드시 밑둥의 잎사귀부터 말라 시들어 간다.

오래된 잎사귀에는 대량의 활성 산소가 발생하고 있

한편 인도쌀의 발아율은 3년 후에도 그다지 저하되지 않는다. 그 이유를 조사해 본 결과 양자의 항산화물질, 즉 비타민 E의 함유량에 차이가 있다는 것을 알게 되었다. 인도쌀의 배아 중에는 비타민 E의 함유량이 크다는 것이다.

♠ 연(蓮;연못에서 자라며 잎이 크고 흰 꽃과 붉은 꽃이 핀다)이라고 한다. '연'은 2000년 전의 옛 종자에서도 발아하며, 꽃을 피워 생명을 유지한다. 보통 '연'의 종자도 백년 후에 뿌려도 발아하는데, 그것은 다른 식물과 비교할 수 없을 정도로 많은 비타민 E를 보유하고 있기 때문이다.

운동을 하면 SOD의 활성이 증가되는데, 그렇다고 해서 쉽사리 안심한다면 그것은 아주 잘못된 생각이다.

활성 산소에 대한 방어 계통을 조사해 보면 자기 자신을 보호하기 위하여 환경에 적응하며 생체에 변화를 주는 정교한 기능을 가지고 있으며, 그 기능의 정교한 구성은 결코 자기 멋대로 무원칙하게 일을 하고 활성 산소의 발생량에 적응하고 있음을알 수 있다. 예를 들어 보자. 민물 고기인 송사리 중의 SOD의 활성은 확실히 계절에 따라 변화를 보여 준다.

겨울과 여름철의 활성을 비교한 결과 송사리는 여름철이 겨울보다 약 3배나 활성 산소가 높게 나타난다. 그것은 운동량이 많아서 신진 대사가 과다하게 됨으로

으며, 동시에 활성 산소의 독을 분해 제거하는 SOD 등 효소의 능력도 나이가 든 잎사귀일수록 저하되어 있다. 더욱이 식물이 공통적으로 지니고 있는 특수하고 흥미 깊은 현상은 씨(種子)에게도 활성 산소에 대처하는 전략이 있다는 사실이다. 보통 식물들은 봄과 가을에 대처하는 전략이 있다는 사실이다. 보통 식물들은 봄과 가을 등 일정한 계절에 꽃을 피우고 종자가 완숙하여 결실을 본다. 그리고 이들 종자는 다음 해에 또 다시 발아(發芽)를 통하여 번식하게 되지만 해를 넘기는 동안 끊임 없이 활성 산소의 장애를 받고 있다. 무방비 상태에서는 종자 안의 중요한 유전 물질이 파괴되어 발아되고 발육할 수가 없다. 그러므로 식물의 종자들은 생명을 유지하기 위하여 활성 산소를 제거하는 다량의 물질을 보유하는 전략을 종자 자체의 본능으로 몸에 지니고 있다.

주로 항산화 물질로 효과가 있는 비타민 E. 특히 발아에 중요한 배아(胚芽 ; 씨눈)부분에 많은 고농도의 비타민 E를 저축하고 있다. 그러므로 모든 식물의 배아가 건강과 질병에 좋다고 한다. 그리고 동일한 쌀의 종자라 할지라도 한국쌀과 인도쌀은 발아율이 다르다고 한다. 한국쌀은 1년 후에 종자를 뿌리면 발아율이 좋지만 2~5년 후에 파종하면 급속히 발아율이 떨어진다고 한다.

써 활성 산소가 많이 생성된 데 따른 것이다. 반면에 물의 온도가 낮은 겨울철의 송사리들은 조금도 움직이지 않을 때가 많아서 신진 대사의 저조로 활성 산소의 발생 성향도 억제되고 있다. 그러나 초여름이 되면 물의 온도도 높아지고 산란기가 시작되므로 급격히 활동량이 늘고, 태양 광선도 강하게 쪼여 광합성의 작용이 활발하게 되며, 물속의 조류(藻類)등에서 생산되는 산소량도 증가하게 되므로 송사리 때의 활성산소도 증가하여 이에 따른 SOD의 활성도 높아진다. SOD의 활성은 동물에 따라 그들이 일생을 통하여 연대적 변화가 인정되는 것도 적지 않다.

조류(鳥類) 중에서 까마귀의 SOD를 측정하여 보면 갓 태어난 새끼 때와 성숙된 어미 때와의 사이에 수치상의 큰 차이가 나타난다. 어미 까마귀 쪽이 약 2배가량 높은 것이다. 그것은 새끼와 어미의 운동량의 차이가 활성 산소 발생량의 차이로 나타난 결과이다. 앞의 예에서와 같이 활성 산소에 대한 동식물의 방어 기능은 종별로 일정한 한계가 정해진 것이 아니라, 생체에 주어진 여러가지 환경과 당시의 생체 내부 상황에 적응하면서 변동된다는 것을 알 수 있다.

♠ 급격한 운동은 몸에 이로운가?

사람도 갑자기 운동을 하면 체내의 산소 소비량이 증가하며 자동적으로 활성 산소가 높아진다. 또한 여기에 적응하여 방어적 SOD의 활성도 조금 늦게 증가하며, 이같은 일이 계속 반복되면 SOD의 활성이 저하되어 몸에 장애가 오므로 40세가 넘으면 주의하여야 한다. 사람의 SOD 활성은 송사리와 까마귀처럼 계절이나 나이에 따른 명확한 변화는 볼 수 없으나, 약간의 변동은 있으며 개인 차가 크다. 물론 일반적인 경향으로 노화에 따라 SOD 활성 본체가 전체적으로 서서히 저하되어 간다. 20~30대 젊은이의 백혈구에서는 SOD 생산을 급속히 높여서 만들어 낼 수 있으나 40대를 경계로 생체 세포의 SOD 생산 활성도가 급격히 저하되며, 긴급 사태에 대한 적응력이 급속히 쇠약하여지므로 40대에는 특히 여러가지 스트레스 등 자극으로 인하여 활성 산소가 증가 형성되는 점에 주의하여야 한다.

활성 산소는 인체에서 각종 면역 세포와 각종 효소류를 파괴 함으로써 특히 40대 이후에는 지구력을 떨어뜨리게 된다. 활성 산소는 여러가지 질병과 염증의 원인이 될 뿐만 아니라 지구력에 대하여도 큰 영향을 끼친다.

그것은 쥐를 통한 지구력 실험에서도 입증되었다. 즉 두마리의 쥐 중에서 한 마리에는 미리 활성 산소를 제거하여 주는 비타민 E를 투여하고, 다른 한 마리에는 투여하지 않은 채 수중에 방치한 결과 비타민 E를 투여하지 않은 실험쥐가 보다 빨리 물 속으로 가라 앉았던 것이다. 이처럼 간단한 실험으로 미루어 보더라도 건강을 위해서는 활성 산소를 지속적으로 포착 제거해 주는 자연계의 물질을 꾸준히 섭취하는 것이 좋다. 키틴 키토산 및 비타민 C와 E는 질병에 강한 몸을 만든다. 또한 동식물을 막론하고 활성 산소에 대한 방어망이 보다 발달한 생물일수록 건강하고 튼튼하며 장수하는 것은 주지(周知)의 사실이다.

활성 산소의 역할을 억제하는 항산화제 등 활성 산소 제거 물질을 평소에 꾸준히 섭취하고 있으면 질병이 발생하지 않고 노화 속도도 억제된다는 것이 확인되었다.(키틴 키토산 섭취로)

흰 쥐를 사용하여 비타민 C의 노화 억제 효과를 실험한 결과 매일 마시는 물에 1%의 비타민 C의 노화 억제 효과를 실험한 결과 매일 마시는 물에 1%의 비타민 C를 용해하여 투여한 흰 쥐는 투여하지 않은 흰 쥐보다 평균 수명이 연장된 것으로 나타났다.

또한 비타민 E를 투여하면 뇌와 심장을 비롯하여 각 장기 내에 증가되는 티포푸스틴이라 불리는 갈색 노화 색소의 침착을 방지할 수 있음도 밝혀냈다. 더욱 주목되는 것은 활성 산소 제거 물질 키틴 키토산을 충분히 보충해 주면 생체 내의 면역 기능이 증진된다는 사실이다. 면역 기능은 건강 유지에 필수 불가결의 방어 기제인데, 이 기능 체계가 무너져서 끝내 죽음에 이르는 20

세기의 공포병 AIDS를 보면 그 중요성을 절감하게 된다. 그러므로 면역 체계를 강화하기 위해서는 평소에 활성 산소에 의한 장애를 미연에 방지함으로써 질병에 대한 저항력을 길러야 할 것이다. (키틴·키토산 섭취)

운동을 할 때 활성 산소가 발생하는 것은 불가피한 일이다. 예로 두 그룹의 운동 선수들에게 격렬한 운동 연습을 시작하기 전에 한 쪽 선수는 비타민 E를 상당량 투여하고, 한쪽 선수는 전혀 투여하지 않고 연습에 임하도록 한 뒤 양자를 비교하여 보았다. 호기(呼氣) 및 오줌 속의 과산화 지질(체내에서 활성 산소에 의하여 지방(脂肪)이 산화(酸化)되어 생긴 물질)의 분해물을 측정한 결과 미리 비타민 E를 섭취한 그룹에서는 분해 산화물이 지극히 적게 검출되었다. 이로 미루어 활성 산소에 의한 장애를 비타민 E가 효율적으로 방지했음을 알 수 있다. (키틴·키토산도 동일한 효과 발생)

3. 과산화 지질에는 맹독성이 있다

우리의 몸은 골격과 피부가 외형을 이루고 간장과 심장·폐(肺)·콩팥(腎臟) 등의 장기로 구성되었다. 이들 장기 등 모든 조직은 수정란의 분열로부터 성장을 시작하여 기하 급수적으로 증가하며, 탄생할 때까지 성장이 완료된 인체의 세포 수는 약 60조개나 된다. 이들 세포 하나 하나는 세포막으로 보호되어 있는 데, 그 세포막의 대부분은 지방질로 이루어져 있으며, 그 사이에 드문드문 효소 단백질이 포함돼 있다.(그림 고등생물의 세포 참조) 이 세포막의 재료는 주로 불포화 지방산으로서, 핵세포를 비롯하여 미토콘드리아 및 소포체·골기체·리소좀 등으로 구성되었으며, 인지질로 이루어진 이 생체막도 세포와 같이 2중 구조로 되어 있다. 그러나 여기에 문제가 있다. 세포막 안쪽의 '인지질'이 불포화 지방산을 다량 함유하고 있으므로 활성 산소에 의하여 산화되기가 쉽다. 이 성분이 산화되면 무서운 과산화 지질이 되어 피부 밑의 얼룩얼룩한 반점으로 변한다. 세포와 세포내 소기관의 생체막이 산화되면 과산화 지질과 단백질이 결합하고, 여기에 멜라닌 색소가 합해져서 중압적 현상을 일으키며 세포 중에 침착하여 리포푸스친 노인 색소가 된다. 이 '리포푸스친'이 뇌신경에 침착하면 소위 '노인성 치매'에 이르며, 과산화 지질이 심장 신경 세포에 부착되면 신경통 등 기타 질병의 합병증이 병발한다. 그리고 과산화 지질이 점차로 체내에서 증가하면 장기(臟器)들이 장해를 일으키는데, 특히 산소를 직접 받아 들이는 폐와 지질 대사(脂質代謝)를 담당하고 있는 간장(肝臟)등의 세포는 과산화 지질(過酸化脂質)이 되기 쉬울 뿐 아니라 세포 자체가 사멸하기도 한다.

오랜 세월 스트레스를 계속해서 받으면 위궤양이 되기 쉽다. 그것은 위의 내벽 세포막(不胞和 脂肪酸)이 자동 산화되어 과산화지질의 유해 산소기가 연쇄 반응을 일으킴으로써 파괴되는 것이며, 심할 때는 위천공(胃穿孔)이 생긴다. 위가 이처럼 손상되는 것은 활성 산소기를 방어하는 항산화 물질이 고갈되거나 방어력이 저하되어 무방비 상태가 되었기 때문이다. 항산화 물질로는 비타민 E · C · B_1 · B_6 키틴 키토산을 비롯하여 염산(葉酸) α-β 카로틴, 세레늄 등이 있다.

4. 과산화 지질의 인체 구성 조직에 대한 장해

① 단백질을 변성시켜 혈관 벽 등에 부착된다. 콜레스테롤 · 중성 지방 등이 혈관 벽에 부착되면 혈관 벽이 굳어져서 경화증이 생긴다.

② 세포 내의 많은 효소와 결합하여 그 활동을 방해한다. 세포 내대사 산물을 처리하는 효소의 활동도 저하되므로 노화 색소(리포푸스친)가 축적된다. 리포푸스친은 노인의 뇌와 신경 세포 · 심장 · 근육 · 간장 · 부신(副腎 ; 콩팥 상부에 위치한 장기)등의 세포 내에서 볼 수 있다. 특히 심장 근육 세포 내의 리포푸스친의 침착은 노화(老化)의 지표가 된다.

③ 비타민과 결합하여 비타민의 활동을 파괴하고 세포 전체의 기능을 저하시킨다.

④ 체내의 신진 대사에 중요한 활동을 하는 γ-리포프로테인(혈액내의 단백질과 콜레스테롤 및 지방으로 구성된 물질)의 활동에 압박을 주므로 노화의 속도를 빠르게 촉진한다.

⑤ 유리기(遊離基 ; 활성 산소)가 연쇄 반응하여 DNA(유전인자)를 공격하면 돌연 변이를 일으켜서 암을 발생시킨다. 암 세포에서는 반드시 과산화 지질과 단백질의 결합 물질을 볼 수 있다.

⑥ 세포막 또는 세포막 내부의 막 구조물(세포 소기관)에 장애를 주므로 세포의 기능이 저하되므로 파괴된다. 이것이 전신에서 평균적으로 일어나면 인체 내 전기관의 기능이 차츰 쇠약해지며, 이같은 과정이 곧 노화 현상이다. 만일 과산화 지질의 해독이 심장과 혈관 등에 일어나면 이것이 이른바 성인병이 된다. 일례로 세포 내의 리소좀 막을 파괴시키면 그 속에 있던 가수 분해 물질 중 약 40종의 독소가 세포 내로 방출되어 세포 자체를 용해시키는 원인이 된다.

⑦ 혈액 중의 혈소판을 응집시켜 혈전(血栓)이 형성된다.

⑧ 뇌신경 세포 내에서 단백질과 굳게 결합하여 노인

성 치매의 원인이 된다(리포푸스친).

⑨ 호흡 장애의 원인이 된다. 공기 중의 오존과 이산화 질소 등을 흡입하면 폐세포 세포막에 유해 산소가 많이 형성되어 다량의 과산화 지질이 발생된다.

⑩ 임산부 사망의 가장 큰 원인으로 등장하고 있다. 또한 신생아 사망율이 높은 임신 중독증 여성들은 혈액 중의 과산화 지질의 농도가 매우 높아서 유산의 원인이 되기도 한다.

⑪ 피부가 상처로 거칠어지거나 하면 기미로 발전된다. 또한 여성의 안면 흑피증의 원인이 되기도 한다. 흑피증이 되는 사람은 피부막 중의 피하지방이 산화하며 과산화 지질이 형성되면 보통 사람의 약 20배 이상으로 증가되는 것이 통례이다.

5. 분자량이 큰 SOD의 흡수 과정

♠ SOD를 식품으로서 섭취하면 효과가 있을까?

분자 구조가 크더라도 SOD(분자량 3만 이상)는 흡수된다. 단백질(蛋白質)이 아미노산으로 분해되지 않고 그대로 몸 안으로 흡수되어 단백질로서 가지고 있는 특성 작용을 나타낸다는 것이 실증되었다. 이 연구의 결과는 모유를 먹은 젖먹이는 어머니가 지니고 있는 여러 종류의 바이러스성 질환에 대한 강한 저항력을 가지고 있는 반면 모유를 섭취하지 않고 우유로 자란 젖먹이는 그러한 저항력을 전혀 가지고 있지 않음이 알려진 것이다. 그렇다면 그 이유는 웬 일일까? 이에 대한 명확한 해답을 얻기 위하여 이 연구가 시작되었다.

그런데 연구 결과 모유 중에 들어 있는 바이러스성 항체(단백질)가 원형 그대로 젖먹이에게 흡수되어 바이러스에 대한 항체로서 역할을 하고 있다는 것이 확인되었다. 젖먹이가 모유와 같이 먹은 바이러스 항체는 위벽(胃壁) 세포 중의 수용체에 의하여 위산(胃酸)으로부터 보호되고 있다는 것을 알게 된 것이다.

위와 십이지장을 통과한 보호된 항체는 소장에서 다음과 같은 형태로 흡수된다. 소장의 벽 내측에는 특수한 세포가 있어서 장관(腸管)을 통과하는 내용물에 대하여 음세포(飮細胞)운동—마시는 일—을 하고 있다. 음세포 운동이란 장(腸)세포에서 적극적으로 액체를 흡수하는 운동을 한다는 것이다. 즉 먼저 장세포 막(腸細胞膜)의 표면에 적은 유리컵 같은 함몰 상태(액체를 둥그렇게 포장함)로 된다.

여기에 통과하는 액체가 컵 안으로 들어가면 포장 액체를 싸 버리게 되어 소포체(小胞體)를 만든다. 이렇게 된 것은 식세포(蝕細胞), 즉 파고좀(Phagosome)이라 한다. 이 파고좀이 장세포 안에 들어 있는 리소좀(Lysosome ; 40개 이상의 종류가 들어 있는 소화 효소를 가진 소포체)과 결합한다. '리소좀'효소는 포장되어 있는 액체에 작용하여 소화되는데, 이 때 대부분이 특수 수용체에 의하여 보호되기 때문에 '리소좀' 효소들의 소화 작용을 받지 않으므로 항체는 아미노산으로 분해되지 않고 단백질 원형 그대로의 형태로 혈액 중에 방출된다. 이 때 항체를 장관 벽의 식세포 운동으로 섭취하여 혈액 중으로 방출하는 운동은 생후 몇 주간이 지나면 소실되는 것을 생각되고 있었다. 그러나 성장 후에도 장관벽 세포에는 음세포 운동이 계속되고 있음이 판명되었다. 이와 같이 많은 연구 결과 분자량이 큰 효소(SOD 등)의 종류를 내복하여도 항체 단백질의 어떤 종류는 원형태로 피 속에 방출하여 효소로서 활성을 발휘하고 있음이 밝혀졌다.

이 때 중요한 것은 섭취한 SOD가 모유에 함유되어 있는 바이러스 항체와 똑같이 수용체(SOD를 받아 주는 곳)에 의하여 위액(胃液)으로부터 보호받지 않으면 안된다. SOD·카타라제·글루타치온·퍼옥시타제 등의 효소들이 소화되지 않고 효소의 품성을 지닌 그대로 혈액 중에 방출될 수 있는 가능성이 명백해졌다. 그러나 만의 하나라도 조심하지 않으면 이들 효소들은 산성

위액에 대단히 약하여 위액 중의 산성에 의하여 소화 아미노산으로 분해됨으로써 효소로서의 활성(生命)을 잃어버리기 쉽게 된다. 그러므로 SOD와 같은 효소를 정제(錠劑)로 하여 산에 강하고 알칼리에 약한 특수한 피막(정제를 포장)으로 필름 타이프의 코팅을 하여 투여하면 흡수 및 효력의 목적을 달성할 수 있다.

다시 말해서 이 방법에 의한 SOD · 카타라제 · 글루타치온 퍼옥시타제 등의 효소들을 강도가 높은 위액의 산으로부터 보호할 수 있으며, 십이지장에서 '인슐린'과 담즙액 등의 알칼리성에 약한 피막이 용해되어 그 효력을 충분히 발휘할 수 있다. 이렇게 되면 식물의 녹즙에 들어 있는 각종 효소들은 분자량이 크더라도 자연 상태 그대로 우리 인체에 잘 흡수되어 각 기관의 활성화에 많은 도움을 주고 있음이 명백해진다. 이런 것으로 볼 때 모든 식물을 자연 그대로의 녹즙으로 하여 섭취하는 것이 더욱 효과적이라고 볼 수 있다.(단 과량 섭취는 좋지 못하다.)

신체는 정밀한 기계로 구성되어 있으므로 인체에 녹을 슬게하여 기계의 작동이 어려워지게 하는 유해 산소를 포착 제거하여 주는 SOD 종(種)들과 SOD 양(樣)작용(SOD와 비슷한 일)을 하는 각종 성분이 함유된 숱한 푸른 녹즙(식물)류를 많이 이용하여 창조주가 주신 건강과 질병의 치유에 도움을 받는 것이 좋다.

식물 종류는 물론이고 키틴 키토산 및 어물류로서 등이 푸른 생선 중에는 유해 산소를 포착 제거하여 주는 불포화 지방산 EPA(Eicosa pentaenoic Acid)·DHA (Dacosa Hexaenoic Acid)라는 물질이 특히 생선의 눈에 다량 들어 있으므로 남녀 노소를 막론하고 뇌(腦)와 눈 및 신경 세포 전달 물질 등에 없어서는 안될 구성 성분으로 절대적인 물질이며, 또 유해 산소종을 포착 제거하여 과산화 지질의 형성을 미연에 방지하여 주는 SOD와 같은 효력이 큰 물질이므로 질병의 치유와 건강의 회복 및 장수를 위하여 지속적으로 섭취하는 것이 유리할 것이다.

아울러 여기에다 옛부터 선조님들께서 애용하여 섭취해오고 있는 게껍질, 오징어뼈, 새우껍질, 메뚜기, 조개껍질, 메뚜기껍질, 파리, 바퀴벌레 등의 갑각류중의 키틴 키토산 성분을 혼합하면 전혀 길항작용(배합금기)이 없으며 대장(큰창자)의 효소에 의하여 키틴 키토산(올리고당)이 N-아세칠 글루코사민$\begin{pmatrix}\sigma\text{NACOS}\\ \sigma\text{NACOS}\end{pmatrix}$ 및 글루코사민$\begin{pmatrix}\sigma\text{COS}\\ \sigma\text{COS}\end{pmatrix}$흡수력이 뛰어나므로 더욱 효과적이다. SOD 및 SOD양작용 식품(식물성 및 어물)을 더 많이 섭취하면 창조주가 주신 수명(120~150세 이상)까지 건강하고 행복한 생활을 누릴 수 있을 것이다.

6. 제지에 계제

이상과 같이 키틴 키토산 연구가 활발하지만 금후 연구가 진행됨에 따라 안전성에 더더욱 메스가 가해질 것으로 생각합니다. 끝으로 현재의 키틴 키토산의 자리를 볼때, 너무나도 부족한 점이 많음을 새삼 느낍니다.

모든 사람들은 태어날 때 부터 질병이 발생하면 스스로 치료할 수 있는 자연 치유력을 창조주로부터 선물받았읍니다. 그러나 우리들 인간은 건강할 권리, 병을 치유할 권리를 갖고 태어났으므로 한정된 생명 젊고 아름답고 슬기롭고 인간답게 살고자 합니다. 이에 다소나마 보탬이 되기 위하여 이 책을 저술하였읍니다. 부족한 점 잘못된 점이 많으리라 봅니다. 서슴치 마시고 책망과 잘못된 점에 충고하여 주시면 참으로 감사하겠습니다.

건강과 치유의 자유를 마음껏 발휘하기 위하여 더 많은 최첨단의 건강 식품(특히 가능성 식품)에 대한 새로운 정보 지식의 공부를 「동서 의약학」은 무시할 수 없읍니다.

부 록

체험 사례편

"항상 감사하는 마음으로"

강석호(男, 51세)/전북 익산시 미동

건강은 건강할 때 주의하여야 한다는 말이 꼭 실감납니다.

우리 집은 남 부러울 것이 없이 오순도순 재미있게 살고 있었습니다.

굳이 걱정이라면 전화국에 다니는 남편이 약주를 좋아하시기 때문에 약간의 염려가 있을 뿐, 행복했습니다.

그런데 지금부터 15년 전, 남편은 어느 날 갑자기 눈이 노랗고 피로가 쌓여 병원에 가보니 급성간염이라는 판명을 받았습니다. 곧장 병원에 입원, 치료를 하여 병세는 많이 좋아졌습니다.

그 후 정상적인 생활을 하였는데 5년 정도 지나니 다시 전과 같이 피로가 엄습하고 이상스런 증상이 시작되었습니다. 전주 ㅇ병원의 진단 결과 만성 간염으로 변했다고 하더군요.

1개월 정도 입원 치료하니 좋아진 것 같아 퇴원하여 이 약 저 약 좋다는 약을 먹어가며 한편으론 술도 드시고 그런 생활이 몇 년 동안 계속되었습니다.

다시 피로가 몰려 오고 이상한 증상이 나타나기에 검사를 해 보았습니다. 간경화라는 판명을 받았을 때, 땅이 꺼지고 하늘이 노랗고 어떻게 해야 될지 정신이 없었습니다.

간경화라면 간이 굳는 병인데, 잘못하면 죽는다는데……

좋다는 약은 다 써보았습니다. 그러나 항상 불안하고 결과 또한 신통치 않았습니다.

그렇게 시간만 보내다가 94년 초에 X-RAY를 찍게 되었는데 간에 점이 있다는 것이었습니다.

간암 같다고 의사가 얘기하더군요. 우리 나라에서 암으로 가장 유명한 서울의 ㅇ병원에 입원하여 조직 검사도 해보았으나 폐 가까이에 암세포가 있다하며 수술이 불가능하다는 것이었습니다.

실의에 찬 나날을 보내던 중 평소 잘 알고 지내는, 키토산을 취급하시는 분이 「간」에는 키토산이 최고라고 하시면서 전주에 세미나가 있으니 한번 가보자고 전갈이 왔습니다.

하도 이약 저약 먹어보고 속아서 게 껍데기에서 만든 약이 무슨 대단한 치료효과를 가졌겠느냐고 생각을 하면서도 마지못해 전주 세미나에 참석을 했지만 강의를 들은 뒤에도 100% 믿음은 없었습니다.

그런 제 마음을 아는지 키토라이프 이리지사에서 자

꾸 전화가 왔습니다. 그래서 속는 셈치고 먹어보자 싶어 복용을 시작 했습니다.

15일 정도 지나니 간 부위가 무거우면서 아프고 전에 없던 증상이 심하게 나타나며 발부터 허물이 벗겨지기 시작하여 몸 전체로 번졌습니다. 병세가 악화되는 것은 아닌지 걱정이 되어 본사로 문의하니 병이 좋아지는 증상이니 참으라고 하시기에 믿고 열심히 복용하였습니다.

약 3개월 정도 지나니 간의 상태가 상당히 좋아진 것을 느낄 수 있었습니다. 현재 나에게 있어, 키토산이야 말로 하나님이 주신 선물이라 생각하며 열심히 복용하였습니다.

그 결과 키토산 복용 5개월이 지난 지금, 원자력병원에서 완치되었다는 진단 결과를 받고 얼마나 기뻐 했는지……

이젠 제가 먼저 주변의 간장병 환자에게 키토산을 권하며 건강을 전하고 있습니다.

항상 감사하는 마음으로 열심히 살아가겠습니다.

"직업을 바꿀정도로 키토산에 매료되어"

기다예(女, 68세), 최철규(子)/경기도 평택시 동석동

어머님이 간암 말기에서 치료되시어 다시 태어난 마음으로 기쁘게 하루하루를 살고 계십니다.

저는 전원의 도시 평택에서 1961년 농부의 아들로 태어나 평범하고 소박하게 살며 꿈도 많았습니다.

1995년 5월 15일, 어머님께서 갑자기 가슴이 아프고, 답답하고, 열이 몹시 심해서 몸살 감기로 생각하고 약국에서 약을 조제하여 복용을 해 봤으나 별 차도가 없이 더욱 심해지는 것이었습니다.

그러던 중 증세가 더욱 심해져 평택 ㅅ한방병원에 입원하셨다고 연락을 받았습니다. 6일을 입원 치료하였으나 차도가 없었고 얼굴에 물집이 생기기 시작하여 손끝, 눈 주위, 입 주위까지 번져 도저히 보기도 안타까운 상태가 되셨습니다.

이렇게 심한 상태에도 불구하고 병명이 나오지 않아 다시 평택 ㄱ종합병원으로 옮기게 되었습니다. 혈액 검사, 초음파 검사 결과「간」에 이상이 있으니 C/T 촬영을 하자고 하였습니다. 검사 결과는 놀랍게도「간암 말기」라는 것이었습니다. 병원 측에서는 길어야 4－6개월 생존하실 수 있으니 마음의 준비를 하라는 데, 눈앞이 캄캄하고 넋을 잃고 말았습니다.

"무슨 방법이 없을까?"

온 가족에 비상이 걸렸고 의논 결과 그래도 "혹시나…"하는 마음에 서울에서도 암에는 최고의 권위를 가진 ㅇ병원으로 가게 되었습니다. 접수 후, 일주일 간은 정말 지옥 같은 나날이었습니다.

1995년 5월 29일 병원의 최종 검사 결과가 나왔습니다.

그대로도 3-4개월은 사실 수 있고 수술해도 3-4개월 밖에 사실 수 없다는 것이었습니다. 참으로 한심하더군요.

한편으로 장례 준비를 하면서도 마음은 죽음을 거부하고 있었습니다. 그래서 지푸라기를 잡는 심정으로 현재 암에 걸린 분들을 수소문하여 만나기 시작하였습니다. 수십 명을 만나봤지만 그분들 역시 특별한 것이 없고 식이요법, 약물요법 정도만 실시하고 있었습니다. 저 역시 기진맥진하여 포기할 상태에 있었는데 수원에 있는 한 친구로부터 전화로 「키틴-키토산」을 소개 받았습니다.

울산 지사에 문의해 보고, 본사에 상담을 한 후, 많이 복용해도 인체에 해가 없다고 하기에 빨리 치료를 시작하고 싶은 마음에 3박스를 받아 하루에 7-10포씩 복용하기 시작했습니다.

누님께서 돌아가시기 전에 마지막 효도를 하시겠다면서 모셔 가셨기에 나중에 알았지만, 안양 누님 댁으로 옮기신 지 3—4일 후에 심한 호전반응을 겪으셨다고 합니다.

숨을 쉴 수 없을 정도로 심한 복통을 시작으로 온몸이 몹시 춥고 떨리고 하여 어머님의 생각으로 '죽는 순간이 이렇게 고통스러운가' 싶었답니다. 그래서 임종은 아들 집에서 하고 싶다며 급히 아들 집으로 간다고 하셔서 온 집안이 눈물바다가 되었습니다.

그런데 평택으로 옮기신 후, 어머님 자신이 살아야겠다는 믿음과 의지를 바탕으로 꾸준히 키토산을 복용하던 중 놀랍도록 차도가 오기 시작하였습니다.

기침이 멎고, 손에 물집이 마르고 딱지가 지기 시작했습니다.

복용한지 18—20일 만에 식사가 가능해지는 기적 같은 사실에 온 가족은 놀라고 말았습니다.

그 후부터는 차도가 너무 빨라 우리 가족 역시 믿을 수 없을 정도 였습니다.

1995년 6월 29일 평택 ㄱ병원에 다시 가서 C/T촬영을 했습니다. 그 결과 완전히 암세포가 없어졌다는 것이었습니다. 병원 측에서도 오진 이라며 재촬영을 권했고 똑같은 결과를 얻었으면서도 의사 자신도 믿지 못할 사실이라면서 이것은 분명한 기적이라고 말했습니다.

이 기쁨과 감격을 어디에 비교하겠습니까! 돌아가신 부모님이 다시 살아 오신 기쁨이었습니다.

저는 원래 직업이 건축업으로 그것도 제법 기반이 있는 중소기업을 운영했으며 업계에서도 확실한 믿음과 신뢰를 얻을 만큼 작은 명성도 있었습니다. 그런 제가 과감히 그 모든 것을 포기하며 직업을 바꿀 정도로「키토산」에 매료되어 하루하루에 감사하며 살고 있습니다.

저는 현재 평택시 금융가 통복동 85번지 30평 건물에 키토라이프 평택지사를 1995년 9월 23일 개업하여 많은 분들의 관심과 사랑속에서 바쁜 하루를, 건강을 전한다는 소명으로 보람있게 보내고 있습니다.

다시 한번 키토산에 감사합니다.

"건강의 소중함 다시 찾은 행복"

박유자(女, 56세)/충북 충주시 이류면 대소리

저는 지난 60여년간 치질로 많은 고통과 우울한 시간을 보내었습니다.

항문 주변에는 부스럼이 튀어 나와서 하루에도 몇 개씩 터지고 흩어지며 대변을 볼 때에는 맑은 피가 나와 그치지 않는 증세와 항문이 밑으로 빠지는 증세로 심한 상태의 질병이었습니다.

시중에 좋다는 변비약과 치질 약은 항상 제곁에서 떨어질 줄 몰랐으며 심한 출혈로 나중에는 빈혈까지 생겨 틈만 나면 드러눕는 습관까지 생겨 나의 몸은 더욱더 무기력한 상태에 이르렀습니다.

병원과 한의원을 찾아 수많은 시간 동안 치료도 해보았지만 과다한 한약의 복용으로 간장과 신장이 더 나빠졌다는 의사의 이야기를 들었습니다.

그 후, 한약을 중단하고 의사의 권유로 수술을 받기로 하여 수술 날짜를 기다리고 있는데, 아들이 「키틴-키토산」으로 고칠 수 있다면서 적극 권유하여 키토산을 복용하게 되었습니다.

처음 복용한 이틀 뒤, 심한 감기 증세와 발열 증세가

나타나 부작용이 아닐까 싶어 판매 회사로 전화를 걸어 물어보니 부작용이 아니라 치료에 도움이 되는 「호전반응」이라는 시원스런 대답으로 인해 안심하고 계속 복용하였습니다.

그 후, 보름정도 되었을까? 항문 주변에서 생긴 부스럼과 피고름이 하나 둘씩 없어지기 시작하더니 한달가까이 되니 탈항 증세도 없어지고, 이제는 깨끗한 상태를 유지할 수 있을 정도로 치료가 된 것을 확인 하였습니다.

그 뒤로 심하던 빈혈도 차츰차츰 나아지고 3개월 동안 키틴-키토산을 계속 복용하고 있는 지금은, 건강한 몸을 다시 얻게 되어 인근 지역의 직장까지 다니고 있습니다.

저로 인해 저희 아저씨도 「키토산」을 복용하게 되었고 심한 고혈압도 이제는 정상으로 돌아와 기쁨 속에서 열심히 키토산을 복용하고 있습니다.

"엄마- 내 손가락이 펴지고"

송영근(男, 27세), 김경애(母)/경기도 과천시 문원동

마을 중심부에서 야채가게를 하고 있는 50代 중년 여성입니다.

야채가게를 30년 정도 하다보니 몸이 많이 망가진 상태였습니다. 사는 생활이 바쁘다보니 산후 조리는 생각도 할 수 없어 몸 전체는 말할 것도 없고 부인병도 심하고 다리가 아파서 걸음도 기우뚱거리며 걸어야 했고 심지어는 다리에 힘줄이 지렁이 모양으로 울퉁불퉁하게 튀어나와 병원에서 수술을 해야 한다고 하기에 날짜를 받아 놓았습니다.

그러던 중 키토산 사원을 만나 키토산을 복용하게 되었습니다.

먹는 도중 호전반응으로 졸음이 오는데 어찌나 졸린지 심하게는 물건을 사러온 손님들을 받을 수 없어서 필요한 물건은 손님들이 알아서 가지고 가라고 해놓고 잠을 자기도 했습니다.

10일이 지나고 놀랍게도 튀어나왔던 힘줄이 감쪽같이 없어지고 기우뚱거리던 다리도 똑바로 걸을 수 있게 되었습니다. 뿐만 아니라 평소에 심했던 냉증도 더욱 심하게 나오더니 어느 순간부터 깨끗하게 멈춰지고, 무릎 관절이 너무 좋아져서 가락 시장에 물건을 하러 가면 제 걸음걸이를 보고 장사하는 아주머니들이 다들 놀라며 어떻게 똑바로 걷게 되었느냐고 물어볼 정도 였습니다.

이렇게 하루가 다르게 좋아지는 나를 보던 아들이 나도 한번 먹어 보겠다며 먹기 시작했습니다.

올해 27세 된 아들은 2살 때 뇌성마비라는 진단을 받았었습니다. 우리 나라에서 좋다는 병원은 안 다닌 곳이 없이 다 찾아 보았지만 한결 같이 완치가 불가능하다는 판명을 받고 포기한 상태로 27년의 세월을 막연히 그냥 보내왔습니다.

한달 정도 복용했을 때, 못 견딜 정도로 머리가 아파 괴로와 하기에 상담을 했더니 일단 끊어 보라고 했지만 아들은 '키토산으로 꼭 병을 이기고 말겠다'는 신념으로 그 자리에서 두 봉지를 한번에 먹고 잤습니다.

잠을 자고 일어난 아들은 갑자기 "엄마—, 내 손가락이 펴지고 팔이 내려 왔어"하고 소리를 치는데 너무 놀라와서 말도 안나왔습니다.

우리 모자는 끌어안고 키토산으로 기적이 일어났다며 기쁨의 눈물을 흘렸습니다.

아들은 평소 다리 한쪽을 절고 팔이 위로 올라 붙어 있고 손가락이 주먹을 쥔 상태에서 평생 한번도 펴보질

못했으며 고개도 돌아간 상태였습니다. 평생을 이런 상태로 지내리라 여겨왔던 아들이 이처럼 나을 수 있다는 사실에 저는 물론 가족들 전체와 모든 동네 사람들이 다 말할 수 없을 만치 놀랐고 기적이라고 하여 잔치를 벌렸습니다.

남들은 키토산이 비싸다고 하지만 저는 100만원을 받아도 비싸지 않다고 생각합니다. 더구나 이렇게 좋은 키토산을 혼자만 차지할 수는 없어 사원으로 나서서 아픈 사람들에게 내게 일어났던 기적을 나눠주기 위해 열심히 일하고 있습니다.

모자 간에 평생 똑바로 걸어보지 못한 그 마음의 한을 누가 알겠습니까?

아들은 요즘은 도로변에 보도블록 줄을 따라 똑바로 걷는 연습을 하고 있습니다. 흔들리던 고개마저 정상으로 돌아왔으며 이제는 떨리지 않고 펴진 손가락으로 가게 물건을 차에서 손수 내리는 모습을 보며 우리 동네 사람들 모두가 제일처럼 기뻐해 줍니다.

항상 수고하시는 모든 키토산 가족들 여러분들께 진심으로 감사를 드리며 아직 키토산을 모르는 모든 사람들도 하루 속히 키토산을 만나 건강하게 되기를 진심으로 바랍니다.

"60 평생의 고통을 회복시켜준 키토산"

이순이(女, 61 세)/경기도 과천시 문원동

60 평생을 고통을 받으며 살아 온 사람입니다.

좋다는 약과 식품은 모두 구해서 먹어 보았으며 용하다는 병원도 부지기수로 다녀 보았으나 특별한 결과는 나오지 않았습니다. 남들이 좋다는 것은 다 해보았고 한증막도 매일 갔었지만, 갔다 오면 그때뿐이었습니다.

그런데 1989 년부터 견딜 수 없도록 전신이 아팠습니다.

부랴부랴 소문난 병원들을 다 찾아가 보았어도 속 시원한 대답은 들을 수 없었고 몸은 더욱 약해져만 갔습니다.

그러던 1995 년 3 월 잠자던 중에 마비 증세가 왔습니다.

급히 서울 ㄱ의료원으로 가서 종합 검사를 받았습니다.

검사 결과 위궤양, 장염 지방간 등이 복합적으로 조금씩 안 좋으며, 특히 뼈가 안 좋다면서 골다공증이라는 검사 결과를 주었습니다.

또한 특수 검사 결과, 등뼈가 굽었고 부러지고 금이

갔다고 하며 엉덩이 뼈도 으스러져 신경이 눌렸다고 박사님들께서 무서운 소리를 하시니 한숨만 나왔습니다.

손가락 하나 움직일 만한 힘이 없었고 아무런 의욕도 없었습니다. 머리는 항상 아프고 엉덩이는 쑤시고 등이 아파서 누울 때는 소리를 질러야 누울 수 있었고, 일어날 때에도 소리를 지르고서야 일어날 수 있었습니다.

몸 전체적인 뼈가 무우 속에 바람든 것처럼 구멍이 심했고 주저앉으면 와르르 쏟아질 것 같다는 의사 선생님의 말씀이었습니다.

한달 간 입원한 후 별다른 차도 없이 퇴원했습니다.

등을 보호하는 보조기를 착용하며 통원 치료를 받으며 상담도 많이 했습니다. 지금으로부터 33년 전 얼음에서 심하게 넘어져 정신을 잃어 몇 시간만에 깨어난 적이 있었습니다. 이제 생각하니 그때에 다친 엉덩이 뼈의 치료를 제대로 못하고 살아왔는데 이제서 그 나쁜 것이 나타나 신경을 눌러 나를 다시 괴롭히나 싶었습니다.

궁여지책으로 밤낮으로 소금 팩을 항상 엉덩이에 대고 있었으나 시원한 것은 그때뿐이었습니다. 나중엔 도리어 몸살이 나더군요.

결국 삶의 재미를 포기하고 하루하루를 고통과 괴로움 속에서 살아가야만 했습니다.

그러던 중 키토산 제품이 좋다는 이웃 사람의 말을

많이 들었지만 믿지는 않았습니다. 결국 중증의 많은 병을 고쳤다는 주변의 말에 혹시나 하여 교육을 받고 반신반의의 상태에서 복용을 시작했습니다.

복용 후 5일째 되던 올 6월 30일에 감기 몸살처럼 춥고 몸살이 심하게 났습니다.

7월 7일에는 언제나 저를 괴롭히던 탈진 상태와 식욕부진에서 벗어나 힘이 나고 밥을 조금씩이나마 먹게 되었습니다.

10일째 되던 날에는 등뼈, 엉덩이뼈, 무릎 등 나빴던 곳이 말로 표현할 수 없도록 아파왔습니다. 이것이 호전 반응이구나 하고 눈물을 참으며 열심히 키토산을 복용했습니다.

이제 두 달 조금 너머 복용을 했는데 많이 좋아졌고 걸음 또한 잘 걸을 수 있게 되었을 뿐만 아니라 몸도 가벼워져 새로운 삶을 살게 되었습니다.

마치 키토산은 나를 위해 생긴 듯 싶었습니다.

언제나 키토산에 감사드리며 연구하신 박사님들께 진심으로 감사드립니다.

그리고 이젠 작으나마 힘을 다해 키토산을 위해 열심히 일하고자 합니다.

"가정의 평화를 되찾게 해 준 키토산"

황승례(女, 38 세)/경남 울산시 남구 달동

저는 32 세 된 가정주부입니다.

제가 키토산을 알게 된 것은 불과 4 개월 전인데도 10 년을 넘게 앓아 오던 속 쓰림이 없어졌다는 것이 너무도 신기해서 이 글을 쓰게 되었습니다.

평상시에도 속이 자주 쓰렸지만 큰 병으로 생각 안하고 지내면서 속 쓰릴 때는 물 한 컵을 마시면 없어지고 하여 별 걱정 안하고 지냈습니다. 그런데 입에서 냄새가 너무 나고 위에서 썩는 냄새가 올라오는 것 같아 구역질도 나고 해서 다른 사람과 마주보고 이야기할 때는 항상 껌을 물고 이야기를 할 정도 였습니다. 병원에도 가 보았지만 꾸준히 다녀야 하는데 아이가 있어서인지 쉽지가 않았습니다.

그런데 작년 12 월에 진짜 큰 병이 났습니다. 속이 쓰리는 게 아니라 예리한 칼로 속을 마구 휘젓는 것 같이 아픈데 움직이지도 못할 정도여서 배를 움켜쥐고 병원에 갔더니 내시경을 한 의사 선생님께서 하시는 말씀이 무슨 극약을 드신 적이 없으셨냐며 위 속이 엉망으로 헐었다고 하는 것입니다.

6개월 가량 꾸준히 약을 복용하고 다시 진찰을 하자고 하시더군요. 하지만 밥도 넘기지 못하고 약을 먹어도 별 효과가 없었습니다.

그 때 키토산 직원을 만났습니다.

주변에 간이 나쁜 사람을 소개해 달라기에 저희 남편에게 맞는 약이라 싶어 선뜻 구입을 했는데 저녁에 귀가한 남편은 건강 식품은 믿을 수 없다며 당장 반품하라며 야단을 쳤습니다. 제 남편은 알콜성 간염인데 다른 사람보다 수치가 7배나 높아 위험 수치에 달했고 간도 부어서 음식을 먹으면 언친 것 같다고 약을 먹는 중이었습니다.

속는 셈치고 아무리 먹어 보라고 아무리 권해도 막무가내로 도로 물리라고 화까지 내는 바람에 할 수 없이 반품하려 했지만 위에도 좋다 기에 남편 몰래 감춰 놓고 제가 복용하기 시작했습니다.

일주일쯤 지났을 때, 속이 더 쓰리고 아프고 입에서 악취가 짙어지며 머리도 아프고 온 몸이 나른하게 퍼지는 듯하여 만사 제쳐놓고 누워 있는데 키토산 사원이 전화로 안부를 묻더군요. 키토산을 먹고 병만 더 심해졌다고 싫은 소리를 했더니 「호전 반응」이란 좋은 반응이라며 계속 드시라고 신신당부를 했습니다. 그래도 병이 악화될 가 싶어 먹기를 중단하다가 일주일 정도 지나 정상을 찾았을 때 다시 먹기 시작했습니다.

1박스를 먹었지만 속 쓰리 는 것은 마찬가지 여서 역시나 하는 생각에 두 번 다시 건강 식품에 속지 말아야지 하고 다짐했는데 키토산 사원이 제 의사와 상관없이 1박스를 다시 들고 왔습니다. 안 먹는다고 완강히 거절했지만 병이 안 좋아지면 돈을 안 받겠다고 걱정말고 드시라고 했습니다. 그래서 할 수 없이 있는 거니까 싶어 이번엔 정성껏 복용했습니다.

3일째 되는 날 나도 모르게 통증이 없어졌습니다.

그 동안 식욕이 없어 식사를 통 못했었는데 식욕도 생기기 시작 했고 3박스를 먹는 도중에 속 쓰림은 없어지고 입 냄새가 희미해지면서 체중도 보기 좋을 만큼 늘어나 주위 사람들이 다투어서 무엇을 먹었냐며 물어왔습니다.

얼굴과 피부도 좋아지고 몸도 좋아지고……

키토산 얘기를 했더니 옆집 아주머니도 당장 키토산을 구입하여 이웃간에 나란히 먹고 있습니다.

남편도 무얼 먹고 요즘 얼굴이 반질반질 윤이 나냐며 나눠 먹자 길래 그제서 키토산 이야기를 했습니다. 사실은 당신 몰래 감춰 놓고 먹었다고요.

남편이 호감을 나타내기에 같이 먹자고 말했습니다. 만약 당신이 키토산을 먹고 효과가 없으면 제가 집을 나가겠다고 강력히 말을 하니까 못 이기는 척 복용을 시작하여 2박스 째 먹고 있습니다. 지금은 남편의 굳은 마음도 풀어지고 가정의 평화가 다시금 찾아왔습니다.

키토산을 불신했던 마음이 부끄럽고 제게 강력히 키토산을 권해 준 사원에게 고맙다고 마음으로부터의 감사를 전합니다.

키틴 · 키토산의 기적

발행일자 / 2006년 9월 10일

지은이 / 오 유 진
펴낸이 / 이 선 기
펴낸곳 / 이화문화출판사

등록번호 / 제300-2006-0069호
주　　소 / 서울시 종로구 낙원동 19번지
전　　화 / 02)738-9881~2
F A X / 02)732-4496

값 6,000원

※ 잘못된 책은 바꾸어 드립니다.